高职高专通信类专业系列教材

现代通信网络概论

○ 主编 殷文珊 文杰斌 李崇鞅
● 参编 汪英 凌敏 郭金宇 谭晓佩

西安电子科技大学出版社

内 容 简 介

    从通信网络的发展历程到通信网络的层次体系结构，从单一的语音业务网到通融天下、包罗万象的 5G 以及万物智联的当下，本书通俗地诠释了现代通信网络的基本概念和基础知识。全书以"讲故事"的叙事风格，通过生动、诙谐的语言和卡通漫画式的插图，让一个个单调枯燥的概念和看起来深奥难懂的专业知识变得通俗易懂，使读者能够毫无障碍地迈进通信世界的大门。本书可作为高职高专院校通信类专业的入门级教材，也可作为相关专业的通信类科普读物。

图书在版编目(CIP)数据

现代通信网络概论/ 殷文珊，文杰斌，李崇鞅主编. --西安： 西安电子科技大学出版社，2023.9(2024.7重印)
ISBN 978-7-5606-7042-3

Ⅰ.①现… Ⅱ.①殷… ②文… ③李… Ⅲ.①通信网—概论 Ⅳ.①TN915

中国国家版本馆CIP数据核字(2023)第 162830号

策　　划	黄薇谚　程广兰
责任编辑	高　樱
出版发行	西安电子科技大学出版社(西安市太白南路 2 号)
电　　话	(029)88202421 88201467　　　　邮　编　710071
网　　址	www.xduph.com　　　　电子邮箱　xdupfxb001@163.com
经　　销	新华书店
印刷单位	咸阳华盛印务有限责任公司
版　　次	2023 年 9 月第 1 版　　2024 年 7 月第 3 次印刷
开　　本	787 毫米 × 1092 毫米　　1/16　　印 张　9.25
字　　数	213千字
定　　价	32.00 元

ISBN 978-7-5606-7042-3

XDUP 7344001-3

如有印装问题可调换

前　言

打开本书，你会被一个个精彩的故事吸引，各种通信类知识就这么活泼有趣地呈现在你眼前——这就是作者编写这本书的初衷以及所有参编人员的美好愿景。

大学一年级新生往往对专业课程既向往又忐忑，一边憧憬着一个和自己未来息息相关的未知世界，一边对是否能顺利攻克通信专业领域的道道关卡而心怀疑虑。不管之前基础如何，每一位学生都希望在新的起跑点不落人后。那么专业课程的教学是否能最大程度地激发学生的学习热情，是否能让学生对未来从事的专业方向有明确定位，这些就是本书着重考虑的问题。

"现代通信网络概论"作为通信类专业的基础专业课程，主要针对通信网络的发展和各层次结构进行介绍，帮助学生建立全程全网的概念，为后面专业课程的深入学习做好引导。其特点是概念多、理论抽象、知识体系覆盖面广，要把相关内容学通讲透，对于学生和教师来说都不是很容易的事。为了帮助零专业基础的学生更好地理解和接收相关知识，本书以"讲故事"的方式引入各种概念，并引导学生积极思考，化被动学习为主动求解。在原理阐述过程中，本书采用类比方式，使得专业术语不再晦涩难懂；在章节的间隙，本书适当地安排了一些"思政课堂"，让学生在关注当下社会时事的同时展开进一步的思考，从不同的视角去分析各个事件，提升学生的家国情怀和爱岗敬业的职业素养。

本书共分6章，参考学时为64学时。第1章介绍了通信的起源和发展，以及通信网的基本概念、分类及架构。第2、3、4章分别介绍了语音、数据和广播电视三大单一业务网的基本结构和基础原理。第5章讲述了业务融合的进程以及综合业务网的分层结构，同时对传输介质的分类、接入网和传送网现今的主要技术进行了系统性描述。第6章介绍了移动5G和万物智联的发展及应用。

本书由湖南邮电职业技术学院殷文珊、文杰斌、李崇鞅担任主编。各章节的编写分工如下：文杰斌负责整体策划，殷文珊负责编写第 1 章、第 4 章、第 5 章的 5.1 节和 5.2 节及附录，凌敏负责编写第 2 章和第 3 章，李崇鞅负责编写第 6 章的 6.1 节，汪英负责编写第 6 章的 6.2 节，谭晓佩负责编写第 5 章的 5.3 节和 5.4 节，郭金宇负责编写各章的思政课堂内容。全书由殷文珊统稿。

张喜云教授以自身丰富的教学经验和深厚的专业底蕴，对本书的编写提出了大量宝贵的建议，在此表示感谢。

由于编者水平有限，书中难免有不妥之处，恳请读者批评指正。

编　者

2023 年 3 月

CONTENTS
目 录

第1章
通信网络之"前世与今生"

知识目标

1. 了解通信网的业务划分。
2. 掌握信息的传送方式。
3. 了解通信网的分类。

能力目标

1. 能够简单分析日常通信过程。
2. 能够分析古代通信模式和现代通信模式的关联及异同。

素质目标

1. 培养独立思考和分析事情的能力。
2. 了解中华文明发展史，提升文化自信。

我们现在所处的时代是一个信息爆炸的时代，坐在家里，足不出户，海量的信息就能通过网络第一时间送到我们的手机上。曾经有一首诗："从前的日色变得慢，车、马、邮件都慢，一生只够爱一个人"，而现在，即便远隔千万里，只要有网络，人和人之间就可以随时沟通交流。

现在，通信网络的触角遍布我们生活工作中的每一个角落，极大地方便了人们的各项社会活动。

1.1　现代通信之起源：莫尔斯电报

1844 年 5 月 24 日，一位表情肃穆的中年男子坐在华盛顿国会大厦联邦最高法院会议厅中，压抑着内心的激动，伸出微微颤抖的右手，向 40 英里以外的巴尔的摩城发出了历史上第一份长途电报，这位中年男子就是享誉世界的美国画家、电报之父——塞缪尔·莫尔斯。

从一名画家到电报之父，这个转变发生在 1832 年的秋天。在一艘从法国开往美国的邮轮上，一个青年医生正在讲解电磁铁的功能："最近许多实验表明，缠绕在线圈上的电线越多，电流通过电线时，电磁的吸引力也就越强。实验还同时证明了不论电线有多长，电流都可能瞬息通过。不久科学将产生创造电的奇迹。"

在座的美国人塞缪尔·莫尔斯牢牢记住了这些话。他联想起自己所看到的法国信号机体系，信号机每次只能凭视力所及传送数英里而已；如果用电流传输电磁信号，不就可以在瞬息之间把消息传送数千英里吗？这一灵感马上被莫尔斯抓住，相继发明出了莫尔斯电码和电报机。

莫尔斯电码和电报机被发明之后，迅速被推广应用。从此以后，战争的爆发，合约的缔结，风暴的来临……各种消息都通过电报得到迅速的传递。通过对电报、无线电通信的深入研究，人类通信产生了巨大的飞跃。而电报的发明正式掀开了现代通信网络发展的序幕。

通信网络的英文是"telecommunication network"，其前缀"tele"代表的含义是"电"。而实际上，电磁信号的应用是近现代才出现的，在这之前，人类之间的通信又是如何实现的呢？

1.2　古代通信发展之"前世"

通信就是人与人或者人与自然之间通过某种行为或者媒介进行的信息交流和传递。人类之间的交流离不开听觉、视觉以及其他感官感知的信息，比如声音、图像、气息等。但当通信双方的距离较远时，这些信息又是通过哪种方式来传递的呢？

我们不妨先带着疑问，通过下面三个耳熟能详的案例，来领略一下祖先的智慧吧。

1.2.1　击鼓传令

击鼓传令（见图 1-1）是我国古代用以传递军事信息的通信方式，它用不同的鼓声及时有效地传递不同的军事消息，以指挥军队共同御敌。

图 1-1　击鼓传令

在古代，用于指挥军队作战的通信工具主要有旗、鼓、角等，并配有专司击鼓、鸣金、挥旗、传令的人员，类似现在的 "通信兵"。根据殷墟出土的甲骨文记载，最早进行的有组织的军事通信活动就是击鼓传令，即通过鼓声来传报边境的军情。在甲骨文记载中，有"来鼓" 两字，表达的意思就是 "击鼓传令"。殷商时期，商王为防范外敌入侵，不但在边境上派重兵把守，还专门设置用铜做成的大鼓，并将大鼓置于高高的架子上，一旁有专门等候的通信兵。一旦发现敌情，通信兵立即敲击大鼓，通过鼓点的间隔节奏来传递不同的军情，通过站接站地传递鼓声，将紧急军情传送到天子手中。在春秋战国的动荡时期，诸侯小国林立，在战争中常常通用 "击鼓进军""鸣金收兵" 的方式来指挥作战，当时主将和各级将领的车上都横悬着鼓，士兵必须按照主将的鼓声冲锋陷阵或停止进攻。

为了更方便地传递信息，古人还建造了专门击鼓的鼓楼，鼓楼遍布全国各大城镇，历代皆有建造。随着通信方式的演进，鼓楼慢慢失去了其原本的作用，逐渐演变为祭祀、迎宾礼仪和报时的场所。

分析和思考

我们每天上网发信息、打电话、看视频，请问：

1. 击鼓传令这种方式更类似于哪种通信业务？

2. 击鼓传令中信息的传送方式是一对一，还是一对多？

1.2.2　烽火传军情

　　烽火，也称为"烽燧"，是我国古代传递军情、进行报警的一种方法 (见图 1-2)。如果敌人在白天来犯，就放烟 (燧)；如果敌人在夜间来犯，就点火 (烽)。

图 1-2　烽火传军情

　　早在三千多年前，中国就有了利用烽火台通信的方法。烽火始于商周时期，消失于明清时期。在我国历代的烽火组织中，汉代的烽火组织规模最大。

西周时期，在都城镐京的骊山上就曾设有烽火台，且每隔一定距离建造一座烽火台，这些烽火台连成一片，成为军事报警阵地。当敌人入侵时，烽火台上就燃起烽火进行报警，附近的诸侯看到烽火信号会及时赶来救援。

每当提到烽火台时，人们自然而然地会想到长城。著名的万里长城始建于春秋战国时期，横穿我国北方的崇山峻岭，是人类建筑史上罕见的古代军事防御工程。长城的出现晚于烽火台。它是在烽火台的基础上建造起来的。长城与沿线的烽火台连成一线，成为我国古代军事防御体系的一部分。初期，烽火台是在附近建立，彼此相望。烽火台一般独立构筑，但也有烽堠群，是由三五个成犄角状配置的。之后，城墙把这些烽火台和连续不断的防御城堡连接起来，共同构成了我国雄伟壮观的长城。

如今，虽然烽火传军情这种传递方式已经不存在了，但并没有被人们遗忘。我国山东省的烟台市，就是因为明朝在那里设置了著名的狼烟台而得名。烽火传军情对于研究我国古代军事通信具有重要的作用。

分析和思考

我们每天上网发信息、打电话、看视频，请问：

1. 烽火传军情这种方式更类似于哪种通信业务？

2. 此案例中信息的传送方式是一对一，还是一对多？

1.2.3　鱼传尺素

鱼传尺素最早出自古乐府的《饮马长城窟行》中。秦国为防匈奴而造长城，强征大量男丁服役，从而造成了大量的家庭妻离子散。《饮马长城窟行》主要记载了妻子思念丈夫的离情："客从远方来，遗我双鲤鱼。呼儿烹鲤鱼，中有尺素书。"尺是指一尺，素是指白色的绢帛，尺素的意思就是一尺长的白色绢帛，因古人多用其来写信，故后来借指书信。"双鲤"不是指两条真的鲤鱼，而是指将两块雕成鲤鱼形状的木板拼起来的一条木刻鲤鱼，相当于信封，里面夹藏着一尺见方的绢帛，这就是"鱼传尺素"(见图 1-3)的由来。

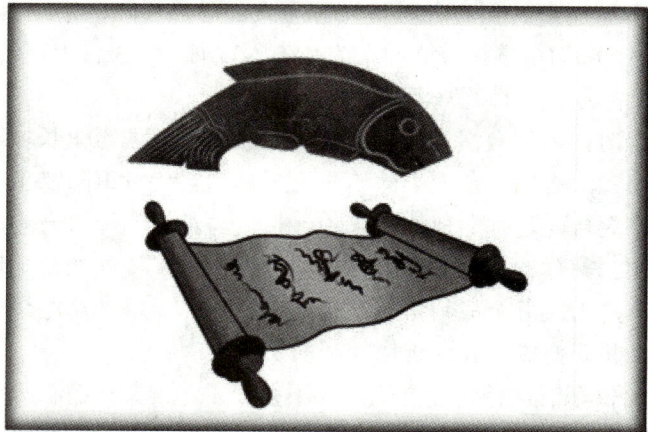

图 1-3　鱼传尺素

　　鱼传尺素和鸿雁传书一样，都可作为古代书信的代名词。古代的鱼被看作传递书信的使者，因此"鱼素""鱼书""鲤鱼""双鲤"等作为书信的代称常常出现在古诗文中。

　　1990 年，我国的邮电部发行了 J174M 中华全国集邮联合会第三次代表大会（小型张）邮票一枚，邮票图案为姑苏驿站，边纸图案为古代铜器上的鱼形铭文。之所以选用这些鱼形铭文，是因为想用"鱼传尺素"来象征我国的邮政通信。

　　国外也有让鱼传信的事情，但此鱼不是木刻的鲤鱼，而是产自斯堪的纳维亚半岛的鳊鱼。它们每天早晨成群结队地从海峡一边游到海峡的另一边，栖息一夜后又在第二天早上集体按原路返回，每天如此，周而复始。于是海峡两边的人们利用它们的生活习性，把装有信件的小袋在早晨放进海里，让鳊鱼顶到对岸，第二天又让鳊鱼把对岸的邮件袋顶回来，如此进行信息沟通、交流。

分析和思考

我们每天上网发信息、打电话、看视频，请问：

1. 鱼传尺素这种方式更类似于哪种通信业务？

2. 此案例中信息的传送方式是一对一，还是一对多？

1.3 通信网的基本概念

1.3.1 通信网业务划分

前面三种古代用于传送信息的方法，用现代的知识体系来解释，即："击鼓传令"利用了声音的传播，"鱼传尺素"采用了文字描述，"烽火传军情"则依赖于视觉上的感官。这三种古代通信方式恰恰对应了现代通信网传送的三大业务：语音、数据以及包括图像影音的多媒体。

在现代通信网的发展进程中，针对这三种业务设计的通信网经历了从单一业务网到综合业务网的演进过程，如图 1-4 所示。

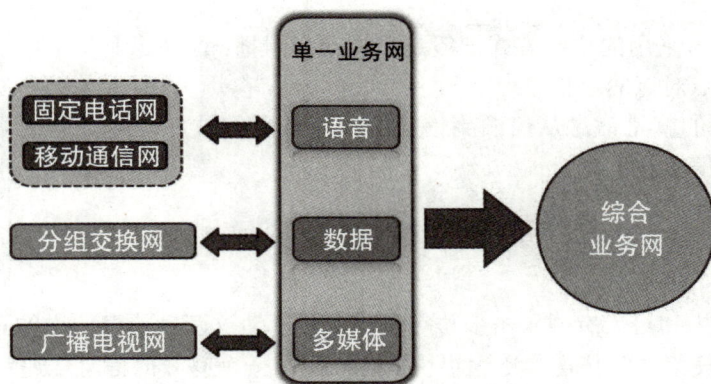

图 1-4 业务通信网的演进

1.3.2 信息的传送方式

在三种古代通信方式中，击鼓传令和烽火传军情的传送方式是一对多，在现代通信专业领域中，这种传送方式被称为"广播"或者"组播"；而鱼传尺素则是点对点、一对一传送，以此来保证一定的私密性，这种传送方式称为"单播"。无论信息以何种方式传送，都存在信息的源头和目的地。

例如，甲、乙两人进行通话交流，甲说一句话，乙听到了，甲就是信息的"源头"，而乙则是信息的"目的地"。甲的声带、腹腔、胸腔的震动，通过声波传到乙的耳朵里，乙接收；接着乙做相同的动作，发出声波并经过空气传到甲的耳朵里，甲接收。当然，假如甲在讲台上作报告，乙、丙、丁等人坐在下面听，这也是一种沟通交流的方式。甲对乙说话叫作"单播"，甲对一群人说话叫作"广播"。假如甲是老师，他在教室里喊一句："所有男生请起立"，这种情况叫作"组播"。因为他并没有对每个人说话，教室里坐的有男生，也有女生，他说话的对象是人群的一部分（即男生）。沟通的目标对象不同，在通信技术中采用的技术制式就有可能有差异（如图1-5所示）。

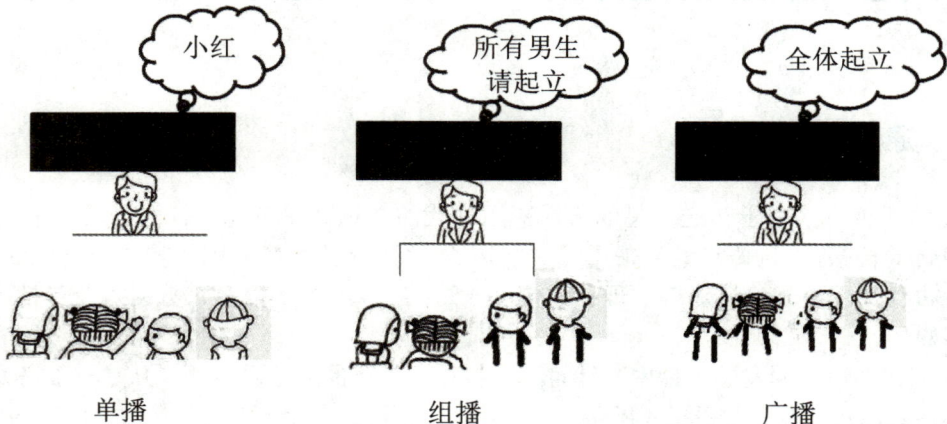

图1-5 单播、组播和广播

广播电视信号采用的传送方式一般是广播或者组播；而在日常生活中，打电话一般采用的传送方式是点对点的单播。

通信网解决的就是信息从信源到信宿的整个过程的技术问题。这里只讲解一些入门的、最基础的通信概念。

1.3.3 信息的传送模型

由于人的听力和目力有限，击鼓传令和烽火传军情这两种信息传送方式在传送距离上存在短板，为了使信息能传送得更远更快，必须建立一个有效的信息传递系统。

我国是世界上最早建立有组织的信息传递系统的国家之一。早在三千多年前的商代，信息传递就已有记载。乘马传递曰"驿"，驿传是早期有组织的通信方式。位于嘉峪关火车站广场的"驿使"雕塑，取材于嘉峪关魏晋墓壁画（如图1-6所示），驿使手举简牍文书，驿马四足腾空。此壁画图于1982年被中华全国集邮联合会第一次代表大会作为小型张邮票主题图案使用。

西周时期，为了满足周王与各诸侯之间的传信需要，在官道上每隔30里会设置一个驿站。驿站会备好车马以供换乘使用，不仅用于传递官府文书与运送货物，还可接待来往官吏和使臣。对于驿站的传送速度，孔子曾有这样的比喻："德之流行，速于置邮而传命。"意思是说，有德者感化他人的速度，比用驿站传递命令更快。可见，当时驿站系统的便捷已经深入人心。

到了汉代，驿传有了更完善的制度体系。所需传递的文书会分出若干等级，不同等级的文书由专人、专马按规定次序、时间传递。收发这些文书都要登记，注明时间，以明责任。

图 1-6　驿站传送

　　隋唐时期，驿传事业得到空前发展。唐代的官邮交通线以京城长安为中心，向四方辐射，直达边境地区，大致 30 里设一个驿站。据《大唐六典》记载，最盛时全国有 1639 个驿站，专门从事驿务的人员共 20 000 多人，其中驿兵 17 000 人。邮驿分为陆驿、水驿、水路兼并三种，各驿站设有驿舍，配有驿马、驿驴、驿船和驿田。

　　唐代对邮驿的行程也有明文规定，陆驿快马一天走 6 驿，即 180 里，更快要日行 300 里，最快要求是日驰 500 里；步行人员日行 50 里；逆水行船时，河行 40 里，江行 50 里，其他 60 里；顺水时一律规定 100 ～ 150 里。诗人岑参在《初过陇山途中呈宇文判官》一诗中写道："一驿过一驿，驿骑如星流。平明发咸阳，幕及陇山头。"在这里，他把驿骑比作流星。天宝十四载十一月初九，安禄山在范阳起兵叛乱。当时唐玄宗正在华清宫，两地相隔 3000 里，6 日之内唐玄宗就知道了这一消息，传递速度达到每天 500 里。由此可见，唐朝邮驿通信的组织和速度已经达到很高的水平。

　　宋代将所有的公文和书信的机构总称为"递"，并出现了"急递铺"。急递的驿骑马领上系有铜铃，在道上奔驰时，白天鸣铃，夜间举火，撞死人不负责。铺铺换马，数铺换人，风雨无阻，昼夜兼程。南宋初年，抗金将领岳飞被宋高宗以十二道金牌从前线强迫召回临安，这类金牌就是急递铺传递的金字牌，含有十万火急之意。

　　值得一提的是，驿站作为官府的通信组织，只限于传递官府文书，并不对民间开放，私人信件往往只能托人捎带。曾经有位名士殷羡出任豫章郡太守，离开首都赴任时，朝中不少官员都托他带信，殷羡倒是很好说话，将一百多封信尽数收下，全都打包带上路。走到半路时，却将所有信件直接抛入河中。

　　驿站制度直到明末清初才得以转变。明永乐年间，湖北麻城县孝感乡被迁往四川开垦的移民由于思乡心切，相约每年推选同乡代表往返两地，并携带家乡的信件和土特产，久而久之，建立了固定的组织称"麻乡约"。后来"麻乡约"发展成古代的民信局，并成为专为民间传递信件的通信机构。

古代的邮驿通信在行政管理、国防建设、经济运行和文化传播等方面都有着重大的意义。邮驿设置本身会随着历史的演进，逐渐成为城镇形成的基础。现在的地名中含有"驿""亭""铺""站"等字的地方，往往都是古代邮驿的遗存。岁月流转，那些古老的信息传递方式已被今日方便、快捷的现代化通信方式取代。

古代的邮驿系统到唐代已基本形成了一个较为成熟的体系，这种驿站机制已经结合了现代传输网络的模式，只不过邮驿通信的运载工具是马匹、船只，而现代的传输网络则通过各种传输介质（比如电缆、光缆等）传送信息。信息在通信网中的传送基本模型如图 1-7 所示。

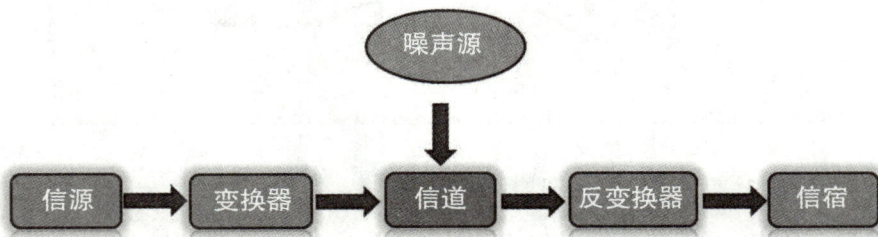

图 1-7　信息在通信网中的传送基本模型

(1) 信源：是发出信息的信息源。在人与人之间通信的情况下，信源是指发出信息的人。

(2) 变换器：把信源发出的信息变换成适合于在信道上传输的信号。例如，把计算机产生的数字信号变换成能在电话线上传输的模拟信号。

(3) 信道：是信号传输媒介。信道一般分为无线信道和有线信道。

① 无线信道：信号在自由空间中传输（如短波、微波、卫星等通信方式）；

② 有线信道：信号在某种传输线（如电缆、光缆等）上传输。

(4) 反变换器：把从信道上接收的信号变换成接收者可以接收的信息。例如，把从电话线上接收到的模拟信号转换成能被计算机处理的数字信号。

(5) 信宿：是信息传送的终点，也是信息接收者。

(6) 噪声源：不是人为实现的实体，但客观存在。虽然模型中的噪声源是以集中形式表示的，但是实际上，干扰噪声可能在信源信息初始产生的周围环境中就混入了，也可能从构成变换器的电子设备中就引入了。另外，在信道中的电磁感应以及接收端各种设备中引入的干扰都是噪声的来源。在传送基本模型中，把发送、传输、接收端各部分的干扰噪声集中起来，用一个噪声源表示。

如图 1-7 所示，信息在传送网中会被转换成电信号或者光信号在电缆或光纤中传输，甚至采用无线电磁波的形式发送。当电信号或者光信号衰减到一定程度时，中继放大器对信号再次放大，这一点跟古代驿站相似。

1.4　通信网的分类及架构

1.4.1　通信网的分类

通信网作为人类工业革命的新生事物，随着人类科技文明的进步而共同发展。演进是通信网永恒的主题。高速发展中的通信技术，其分类方法多种多样，但无论哪种分类方法，都很难做到完全严格和完全清晰。层出不穷的新技术，有的可明确将其归为某类，有的可同时具备几种不同的特征。当然，跨技术类别的新鲜事物的出现，本身就是通信网演进的特点之一。

比如，分组传送技术 (PTN，Packet Transport Network) 是数据网和传送网相结合的产物，既可用于数据网，又可用于传送网，其分类界限本身就不太明确。类似的技术还有数据、语音皆可在其上传送的异步传输模式 (ATM，Asynchronous Transfer Mode)、无线接入网 (IP RAN，IP Radio Access Network)、既可传送语音业务又可传送数据业务的 3G、4G、5G 等。为了便于阐述，通常将所有通信网归结为传送网、语音网 (交换网)、数据网、支撑网和综合网几大类。这几种类型，可能你中有我，我中有你，也可能互为依托、相互渗透。

1. 传送网

传送网作为通信网的基础网络，专门用于多种业务的传送保障。通信网中的各类交换设备、网络终端都可称为业务节点，不同的节点之间乃至不同业务网之间都依赖传送网，形成四通八达的业务网络。同时，传送网的容量、安全性、容错能力、成本及其适用范围是研究重点。传送网一般处于交换网和支撑网之下，是用来提供信号传送和转换的基础架构。这一行业的从业人员往往将这个领域叫作"传输专业"。

2. 语音网

最早的通信网、最成熟的通信网、发展周期最长的通信网，这些都适合描述一种通信网络——固定网 (PSTN)。简单来说，语音网为用户提供相互之间的语音通信，当然包括 PSTN 和移动网 (PLMN) 的语音通信，它往往被称为"交换网"。语音网研究的介质实体包括程控交换机、移动基站、接入网设备、软交换设备、下一代网络 (NGN)、IP 多媒体系统 (IMS)，也包括电话机、传真机、手机、用户识别卡 (SIM) 卡等。语音网一般研究的技术有模数 (A/D) 和数模 (D/A) 转换、程控交换原理、电话号码管理、传真技术、语音压缩技术等。PSTN 是最成熟的电信网，它和数据网的结合越来越紧密。随着 NGN/IMS 技术的发展，语音已经承载在以传输控制协议 / 网际协议 (TCP/IP) 为核心的数据网之上。这一行业的从业人员往往将这个领域叫作"交换专业"。

3. 数据网

数据网是在 20 世纪最后十几年开始高速发展起来的，是相对发展较晚、技术变化较快的网络。数据网是用来传送数据信息的网络，其组成包括互联网、数字数据网 (DDN)、帧中继网、虚拟专用网 (VPN) 等。随着业务的不断融合，语音也作为数据业务进行传送。例如，4G 网络的语音就全部采用长期演进语音承载 (VoLTE)。数据网研究的介质实体包括路由器、交换机、防火墙、服务器、视频终端、微控制单元 (MCU)、音视频编码器等。数据网一般研究的技术有帧中继技术、ATM 技术、TCP/IP、路由协议、多协议标记交换 (MPLS)、点对点 (P2P)、内容分发网络 (CDN)、流媒体、未来数据网络 (FDN) 等。数据网技术体制多样，应用广泛，以 TCP/IP 为基础的数据网已成为电信网的基础承载网络。这一行业的从业人员往往将这个领域叫作"数据专业"。

4. 支撑网

支撑网是现代电信网运行的支撑系统。一个完整的电信网除了有以传递电信业务为主的业务网，还需有若干个用来保障业务网正常运行、增强网络功能、加强网络控制和管理能力、提高网络服务质量的支撑网。支撑网传递相应的监测和控制信号。支撑网包括同步系统，公共信道信令网，传输监控系统，计费、认证和营账系统以及网络管理系统等。支撑网并非业务开通必需的系统，但如果没有它，电信网就不能称为电信网；如果没有它，传统增值服务、管理、运维、营账、计费、监控等都无从谈起。这一行业的从业人员往往将这个领域叫作"支撑专业"

5. 综合网

随着时代的进步，通信网中传送的业务越来越多样化，多类业务可以在同一种网络中传送，且某一类业务传送可能跨越几种网络，综合几种技术体制的优势和特点，这就给通信网分类带来了难题。于是，我们决定增加一类"综合网"，因为通信技术中有太多跨传送网、语音网、数据网的技术，多到让人目不暇接。

例如，基于 SDH 平台的多业务传送平台 (MSTP) 实现了以太网、TDM(时分复用) 和 ATM 等业务的综合接入、处理和传送，能够解决城域网中 IP 传送的安全问题，但是它却给分类造成一定的困难。NGN(下一代网络) 究竟属于语音网还是数据网，又说不清楚了。NGN 和移动网的 IMS(IP 多媒体子系统) 只是一种网络架构，它应该由语音网、数据网、支撑网等多种网络混合而成，提供的也是语音、数据以及它们相结合的业务 (如 Voicemail 等)。因此，NGN 也很难被归为任何一类。

ATM 异步传送模式网络利用固定帧长的 ATM 技术，承载数据业务、语音业务和视频业务，它具有统计复用的特点，能够同时将多种业务根据各自服务要求等级在同一个网络上传送。因此，虽然 ATM 网络的设计原理是基于数据网传送特点的，但也是一种综合性的、不能简单隶属于数据网络的技术。

自动交换光网络 (ASON) 作为智能光网络的主要模式之一，已经超越了常规意义上的"传送网"和"数据网"的概念，是近年来光传送网技术的重要发展方向。

1.4.2 通信网的网络架构

图 1-8 的各个层次表示通信网的各个技术层面,从底层的光纤网到同步数字体系 (SDH)/ 光传送网 (OTN),再到 ATM/MPLS、IP 网、PSTN,再到软件定义网络 (SDN) 时代被抽象出来的叠加网络 (Overlay),每个层次有各自的拓扑结构,也有各自所担负的职责。国际标准化组织 (ISO) 在定义开放系统互连模型 (OSI) 时,为什么要把通信系统模型分为 7 个层次?就是为了让通信网的各个角色各尽其职,同步发展,任何层次都可以有自己的创新但不至于因微小的调整就让整个网络架构"伤筋动骨"。

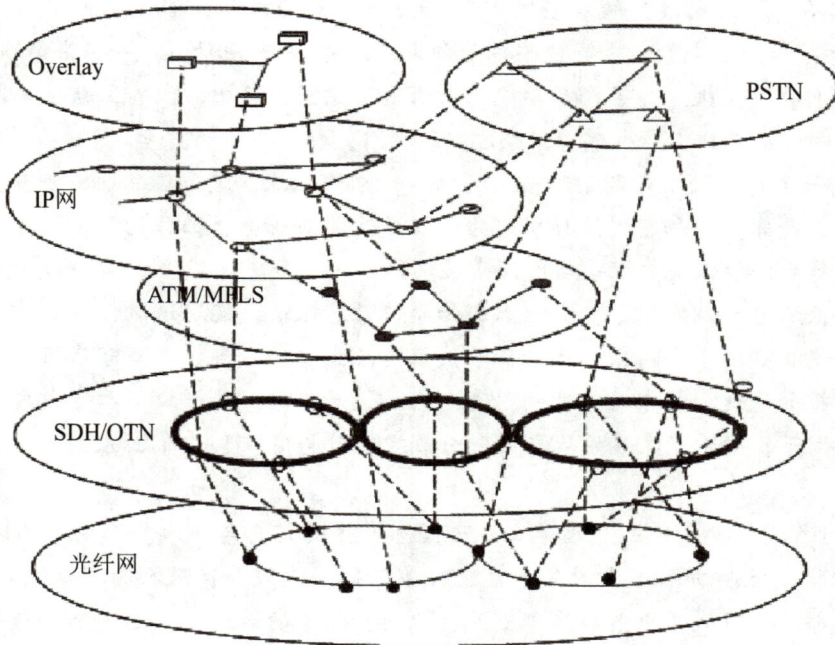

图 1-8 网络之间的层次结构拓扑图

对于图 1-8 所示网络之间的层次结构拓扑图,我们可以想象两台路由器之间的连接,如果一个工程师像盲人摸象一样从一台路由器顺着连接线到达另外一台路由器,中间很可能要经过一系列网元设备——路由器、交换机、防火墙、负载均衡器、SDH 节点、中继器等,但是在拓扑图上,IP 网络规划师有可能仅仅在两台路由器之间画一条实线,并标注路由器之间的传输速率。

为什么要忽略中间这么多网元设备呢?在研究 IP 网时,只有潜心研究 IP 网的路由、交换、安全问题,不受传输网络自身拓扑结构的影响,才能结合 IP 网自身的特点作出分析和规划。网络维护技术人员在定位设备故障时,也是按照网络层级顺序查找问题,在每一层都要判断是否连通、封装方式是否统一、路由设置是否正确、业务逻辑是否合理、同步时钟是否一致,盲目地穷举式的"尝试",只会浪费大量的宝贵时间。

思政课堂

永不消逝的电波，永不黯淡的英雄脉搏

无线电波是什么？虽然我们看不到，摸不着，但是无线电波是一种不可再生的稀缺的战略资源。

影片《永不消逝的电波》的故事发生在 1938 年，地下党组织在上海的电台遭到敌人破坏后，延安解放区电台政委李侠临危受命来到上海，白天他伪装成一位湘绣商人，晚上则在阁楼间收发电报。为了掩护李侠，上海地下党组织派出纺织女工何兰芬与他假扮成夫妻，两人在工作中产生感情，经过组织批准，结为真正的夫妻。

日军通过一系列手段侦查到了阁楼间的电台，李侠被捕，遭受了酷刑的折磨，他始终不卑不亢，严守党的秘密，使日军以为他仅是为某商业电台工作的，于是释放了李侠。日本投降后，李侠夫妇继续与国民党反动派进行斗争。1949 年，解放战争即将胜利，这时李侠的电台被发现了，党组织通知李侠紧急撤退，就在这时，他又收到两份必须要马上发出去的重要情报。于是，李侠让妻儿先转移，自己则坚守岗位，争分夺秒地完成情报的发送。就在敌人冲向秘密电台的最后一秒，他一口气吞下电文，在特务枪口的包围下，向千里之外的战友们发出最后一封电报："同志们，永别了，我想念你们！"

"电台重于生命"是李侠的原型李白烈士坚守一生的信念与追求。李白，1910 年出生于湖南浏阳，15 岁加入了中国共产党。21 岁的他一直战斗在敌人的"心脏"，是隐蔽的战线英雄。抗日战争至解放战争期间，他接受组织的派遣，架起了上海与党中央的电波通信桥梁。

与影片中的李侠一样，李白在发一份重要情报时被捕。1949 年 5 月 7 日国民党特务将李白等 12 位中共党员押往浦东戚家庙秘密杀害，年仅 39 岁的李白没能等到 20 天后的上海胜利解放。

黎明前最黑暗的时光，电波的嘀嘀声总是那么清脆急促，每一次电报都有可能是最后一次，那是昭示时代鼓点的红色电波，是革命脉搏的强力跳动，它诉说着无名英雄的故事，赓续着人们心底信念的诗篇。

思考： 你了解的无线电波是什么？在通信技术落后的前工业时代，为克服长距离传递信息的物理障碍，一部电台具有怎样的重要战略价值，使无数的英雄烈士为了革命事业守护电台牺牲了宝贵的生命。身处 5G 通信的当下，现在更便捷的通信方式有哪些？它们给你带来了哪些影响？

知识要点归纳

1. 现代通信网络传送的业务类型：语音、数据、多媒体。
2. 信号的传送模式：单播、组播、广播。
3. 信号在网络中的基本传送过程。
4. 通信网络的分类：传送网、语音网、数据网、支撑网、综合网。

课后练习

一、单选题

1. 1844 年 5 月 24 日，享誉世界的美国画家、电报之父（　　　）向 40 英里以外的巴尔的摩城发出了历史上第一份长途电报。

 A. 莫尔斯   B. 贝尔   C. 亨利   D. 马尼克

2. 日常生活中，我们打电话一般采用（　　　）。

 A. 广播   B. 组播   C. 单播

3. 光纤中传输（　　　）信号。

 A. 电流   B. 电压   C. 光波   D. 电磁波

4. 电话线中传输（　　　）信号。

 A. 电流   B. 电压   C. 电磁波   D. 光波

二、多选题

1. 信息在通信网中传输的基本模型包括（　　　）。

 A. 信源   B. 信宿   C. 信道   D. 变换器和反变换器

2. 信道一般可分为（　　　）。

 A. 有线信道 B. 无线信道 C. 有限信道 D. 无限信道

3. 常见的无线通信方式有（　　　）。

A. 卫星通信　　　　B. 光纤通信　　　C. 移动通信　　　D. 微波通信

4. 现代通信网络传送的业务类型有（　　　）。

A. 语音　　　　　　B. 数据　　　　　C. 多媒体　　　　D. 文字

5. 信号的传送方式有（　　　）。

A. 单播　　　　　　B. 双播　　　　　C. 组播　　　　　D. 广播

三、判断题

1. 击鼓传令和烽火传军情的传送方式是点对点的方式。　　　　　　　　　（　　）

2. 广播电视信号采用的传送模式一般是广播或者单播。　　　　　　　　　（　　）

3. 噪声源不是人为实现的实体，但客观存在。　　　　　　　　　　　　　（　　）

四、简答题

请收集相关古代通信的案例，并对其传送方式作出简要分析。

五、实验解析

我们每天都在使用各种通信工具进行信息交流，根据本章所学的知识，结合实验课（如程控交换机房的设备认知），再查询相关资料，试分析以下通信方式。

	信源	变换器	信道	反变换器	信宿
固定电话语音通信					
移动电话语音通信					
手机视频点播					
电子邮件(E-mail)					

第2章
固定电话网

知识目标

1. 了解固定电话网的演进史。
2. 掌握交换节点的功能。
3. 掌握固定电话呼叫基本流程。
4. 掌握电话号码编号原则。
5. 掌握固定电话网网络结构。

能力目标

1. 能够根据电话的具体位置，分析拨打电话号码的方式。
2. 能够根据拨打的号码，分析接续过程和经过的路径。

素质目标

1. 培养独立思考和分析事情的能力。
2. 了解电话的发展历程，增强民族自信心。

当今，我们可以通过通信网传送哪些信息？一百多年前我们怎么向远方传递信息？

在电信发展的一百多年时间里，人们尝试了以下各种通信方式：最初电报采用了类似"数字"的表达方式传送信息；随后可以传输语音信息的电话机出现了；后来人们可以向远方发送文字了；现在可以互传图像、视频……

古今中外，多少人为了更快、更好地传送信息而努力探索。在现代通信网络的历史进程中，针对语音、数据、图像三种业务设计的通信网络，从一种技术、一个通信网络只传一种业务，演进到万物互联，即所有业务都融合到同一个综合业务网进行传送。

人类历史上最早的电通信就是有线电报网，通过莫尔斯电码，在双导线上实现非语音通信。自从贝尔发明电话后，语音电话网络迅速发展。电话实现了语音通信，方便了人们的生活。当时是通过电话机后面的电线连接到通信设备，实现双方通话的。因为发送和接收语音信号的电话机只能固定在一个位置，不能随人移动，所以这种电话机称为固定电话。

1986 年，第一代移动通信系统 (1G) 在美国芝加哥诞生。人们把移动手提式电话称为"大哥大"。"大哥大"进入消费市场后，人类通信自此开始进入无线移动时代。

1964 年，美国人 Paul Baran(保罗·巴兰) 提出了一个基于话音分片打包传输的空军通信网络体制，这可以提高话音通信网的安全性和可靠性，可惜由于各种原因未能引起有关当局的重视。1966 年，英国人 Donald Watts Davies(唐纳德·戴维斯) 再次提出将要传送的数据分组 (Packet 数据包) 的概念，美国国防部的高级研究计划局 (ARPA) 决定把分组交换技术应用于计算机网络以实现资源共享，这就是早期的分组交换网。

2001 年，"十五计划"提出了电信网、互联网、有线电视网三网融合的概念，三网融合打破了此前广电在内容输送、电信在宽带运营领域的垄断，明确了互相进入的准则——在符合条件的情况下，广电企业可经营增值电信业务、比照增值电信业务管理的基础电信业务、基于有线电网络提供的互联网接入业务等。而国有电信企业在有关部门的监管下，可从事除时政类节目之外的广播电视节目生产制作、互联网视听节目信号传输、转播时政类新闻视听节目服务、IPTV 传输服务、手机电视分发服务等。最终，三个网络相互渗透、互相兼容，并逐步整合为全世界统一的信息通信网络。

图 2-1 所示的三网融合以前的通信发展史中，终端是否令你感到熟悉？你使用过哪几种终端？这些终端各自可以传送哪些业务？

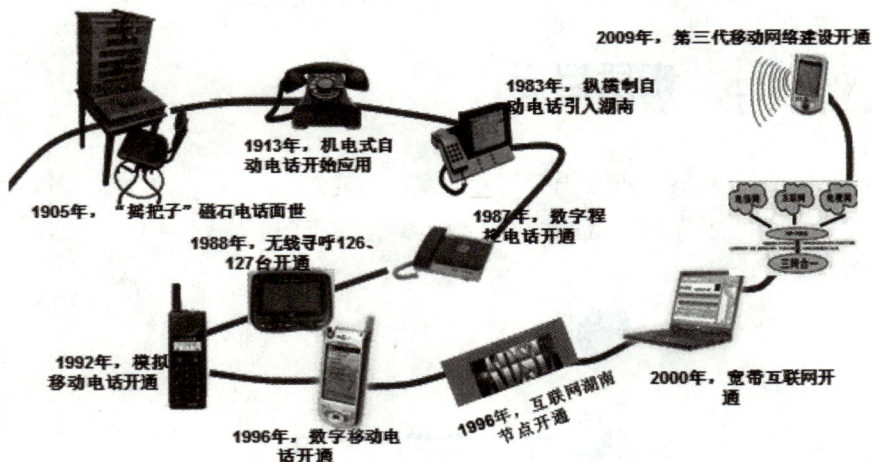

图 2-1 三网融合以前的通信发展史

2.1　固定电话网的演进史

现在生活在不同地点的人们想要直接联系，既不用写信，也不必亲自赶到对方所在的地方，他们通过拨打对方的电话号码"建立连接"（占用资源）、"双方通话"（一直占用资源）和通话完毕"释放连接"（释放资源）三个步骤就能实现通信。那么，最早的语音电话这个通信工具是何时由何人发明的呢？

2.1.1　电话机的诞生

电话的发明者贝尔原是苏格兰人，生于 1847 年。贝尔 24 岁时移居美国，不久加入美国国籍，1873 年他已是波士顿大学语言生理学的教授，他企图通过一根电报线来同时传递几个声音。他的设想得到了妻子梅布尔·哈伯德与岳父的支持，为了女婿的科学实验，贝尔的岳父慷慨解囊，这样贝尔的科研有了经济后盾。贝尔的不少朋友希望他钻研电报术，但贝尔不以为然，他心里唯一惦记的事就是要完成传递人声的工作。

贝尔在做物理实验时，偶然发现了一块铁片在磁铁前振动会发出微弱声音的现象，而且这种声音能通过导线传向远方，这给贝尔很大的启发。于是，一个大胆的设想在他脑中形成：如果对着铁片讲话，就可以引起铁片的振动；那么若能用电流强度的变化模拟声波的变化，不就可以用电传送声音了吗？有了这个想法后，贝尔决定去求教当时比较有名望的物理学家亨利，亨利热情地支持并鼓励贝尔干下去。按照这个思路，贝尔连续做了两年实验，可是都失败了，但他没有气馁，仍苦苦思索，是制作有误？还是用电传送声音这件事本身根本不可能实现？

1876 年注定将改变人类通信方式的一个夜晚，贝尔正在苦思实验失败的原因时，忽然从远处传来悠扬的"吉他"声，他不觉侧耳细听，声音如此美妙而响亮，听着听着，他幡然醒悟，原来他的实验失败在于声音微弱，对方难以辨听，其原因是送话机灵敏度太低。于是在"吉他"声的启示下，他马上设计了一个助音箱草图，并拆下床板连夜赶制，又改装了电话机。

1876 年 3 月 10 日，贝尔通过送话机喊道："沃森先生，请过来！我有事找你！"在实验室里的沃森的助手听到召唤，像发疯一样跃出实验室，向贝尔喊话的寝室奔去。他一路大叫着："我听到了贝尔在叫我！我听到了贝尔在叫我！"……这样人类有了最初的电话，揭开了一页崭新的通信史。

1877 年，第一份用电话发出的新闻电讯稿被发送到波士顿《世界报》，标志着电话被公众采用。1878 年，在相距 300km 的波士顿和纽约之间进行了首次长途电话实验，并获得了成功。

1879 年，贝尔创办了贝尔电话公司 (也就是美国 AT&T 公司和朗讯公司的前身，贝尔实验室的发起者)，开始了电话的商业化运营。到了年底，用户数很快就达到了 3000 户。

1892 年，纽约和芝加哥的电话线路被开通。电话发明人贝尔第一个试音 (见图 2-2)："喂，芝加哥。"这一历史性声音被记录下来。没过多久，贝尔又完成了波士顿和纽约之间的首次长途电话实验 (相距 300 多千米)，进一步促进了电话的快速普及。

图 2-2 发明电话

贝尔最初发明的电话只能完成一部话机与另一部话机的固定通信，这种仅涉及两个终端的通信称为点对点通信，如图 2-3 所示。

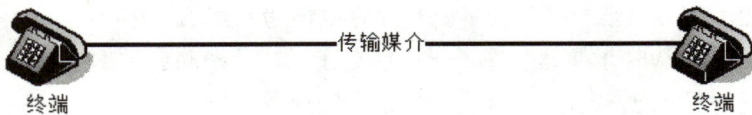

图 2-3 点对点通信

这种点对点通信明显存在很大的缺陷，随着用户数的增加，电缆数会呈指数级增长趋势，如图 2-4 所示。显然，点对点通信完全不利于电话通信的推广。为了解决这个问题，"交换机"便应运而生。

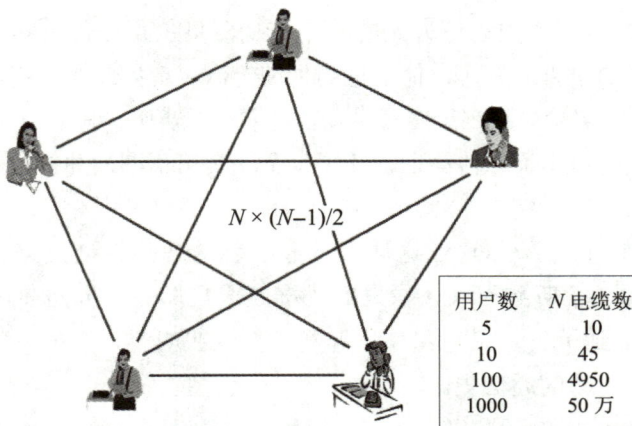

$N \times (N-1)/2$

用户数 N	电缆数
5	10
10	45
100	4950
1000	50 万

图 2-4 点对点通信的缺陷

2.1.2   电话互联互通的功臣：交换机

为实现一个用户可以根据需要和任意用户通信，我们只需在中间增加一个节点，这个节点叫作"交换机"。如图 2-5，每一部电话都被连接到交换机上，交换机使用交换的方法，让电话用户彼此之间进行通信。

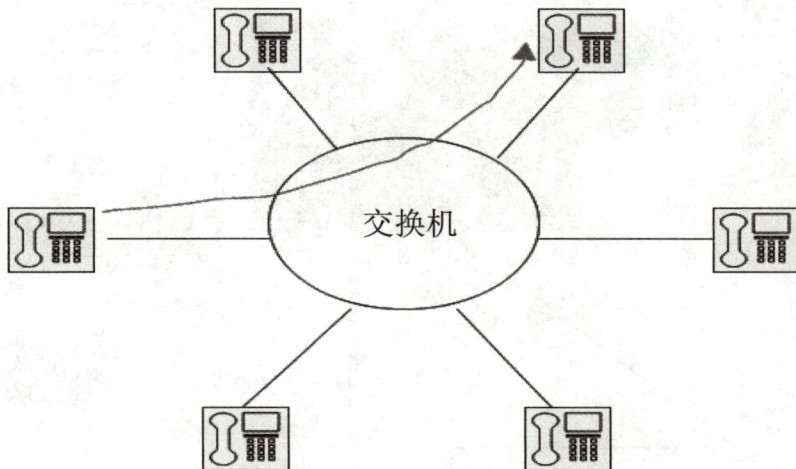

图 2-5   电话交换机原理

随着社会需求的日益增长和科技水平的不断提高，电话交换技术处于迅速的变革和发展之中。其发展历程可分为三个阶段：人工交换、机电交换和电子交换。

1. 人工交换机

在电话发明两年后的 1878 年，世界上最早的电话交换机出现了，这种电话交换机是由话务员进行人工操作的，所以称为"人工交换机"。

人工交换机有两种：一种是专为磁石式电话用户接续的人工交换机，称为"磁石式电话交换机"，其特点是用户供电，电源自备；另一种是专为共电式电话用户接续的人工交换机，称为"共电式电话交换机"，其特点是人工交换机都是由交换机集中供电。

人工交换机是由人工操作完成接续任务的，具体流程如图 2-6 所示。它具备下列基本性能：

(1) 能够接收主叫用户送来的呼叫信号。

(2) 话务员能用人工交换机的任意一对塞绳与主叫用户接通，并询问主叫用户的要求。

(3) 话务员能用人工交换机任意一对塞绳向被叫用户发送呼叫信号。

(4) 在话务员把被叫用户叫来之后，若主叫用户已挂机，则话务员能用人工交换机发送铃流信号，对主叫用户进行回叫。

(5) 能够把主叫用户和被叫用户连通，使双方进行通话。

(6) 双方用户通话期间，话务员能插入讲话或进行监听，而不影响用户的通话质量。

(7) 能够接收用户送来的话终信号，以便拆线。

(8) 通话完毕，释放链路。

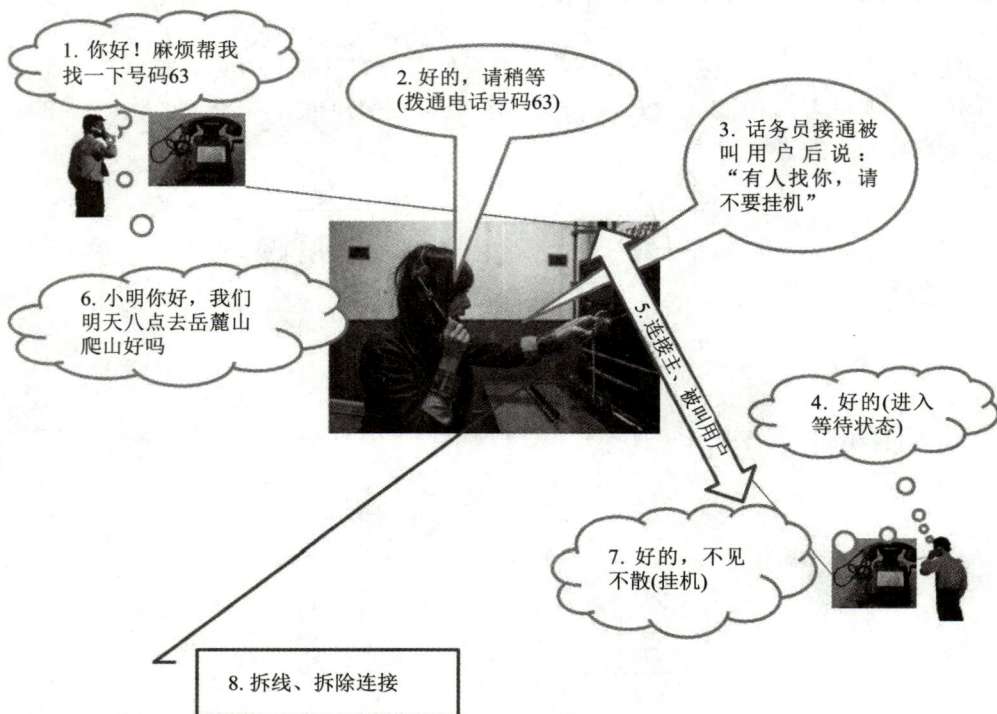

图2-6   人工交换的流程

分析和思考

1. 如何把人工交换的八步流程分成三步骤：

- "建立连接"(占用资源)
- "双方通话"(一直占用资源)
- 通话完毕"释放连接"(释放资源)

2. 人工交换有哪些缺点？

2. 机电交换机

人工交换机的缺点是显而易见的：容量很小、需要占用大量人力、工作烦琐、效率低下、容易出错。

1891 年，有一个名叫史端乔的殡仪馆老板就吃了人工交换机的大亏。他发现打到自己店里的生意电话越来越少，经过调查后才知道，原来当地话务员是另外一家殡仪馆老板的堂弟，联系他家的业务电话总会被话务员转接到另一家殡仪馆。于是他很生气，发誓一定要发明一个不需要人工操作的交换机。说做就做，结果他还真的做到了。他在自己的车库里制作了世界上第一台步进制电话交换机。步进制电话交换机的问世标志着交换技术从人工时代迈入机电交换时代。

这种交换机属于"直接控制"方式，即用户可以通过话机拨号脉冲直接控制步进接续器做升降和旋转动作，从而自动完成用户间的接续。

机电交换机虽然实现了自动接续，但存在速度慢、效率低、杂音大与机械磨损严重等缺点。

1919 年，瑞典工程师贝塔兰德和帕尔姆格伦共同发明了一种"纵横连接器"的新型选择器，并为之申请了专利。这种接线器将过去的滑动式改成了点触式，从而减少了磨损，提高了使用寿命（如图 2-7 所示）。

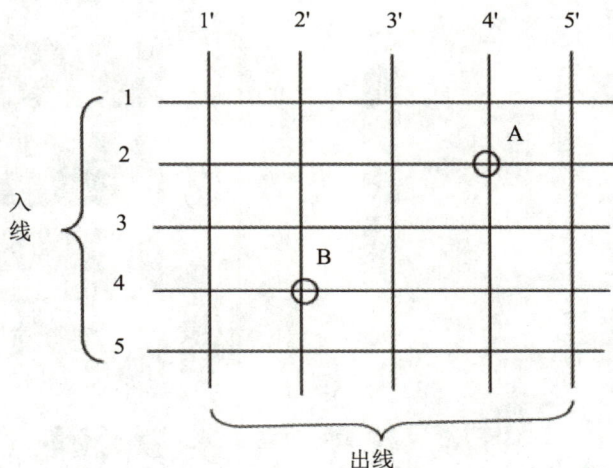

图 2-7　纵横连接器

在"纵横连接器"的基础上，1926 年世界上第一个大型纵横制自动电话交换机在瑞典松兹瓦尔市投入使用。到了 1938 年，美国开通了 1 号纵横制自动电话交换系统。随后法国、日本等国家也相继生产和使用该类系统。从此人类正式进入纵横制交换机的时代。到 20 世纪 50 年代，纵横制交换系统已经非常成熟和完善。

相对于步进制交换机，纵横制交换机有两方面的重要改进：一方面，用继电器控制的压接触接线阵列代替大幅度动作的步进接线器，减少了磨损和杂音，提高了可靠性和接续速度。另一方面，由直接控制方式过渡到间接控制方式，用户的拨号脉冲不再直接控制接线器动作，而是先由记发器接收、存储，然后通过标志器驱动接线器，从而完成用户间的接续。间接控制方式将控制部分与话路部分分开，提高了灵活性和控制效率，加快了速度。由于纵横制交换机具有一系列优点，因而它在电话交换发展上占有重要地位，并得到了广泛应用。

3. 电子交换机

半导体器件和计算机技术的诞生与迅速发展，猛烈冲击着传统的机电交换机，使之走向电子化。美国贝尔公司经过艰苦努力于 1965 年生产了世界上第一台商用存储程序控制的电子交换机 (也就是"程控交换机")，型号为 No.1 ESS(Electronic Switching System)，这一成果标志着电话交换机从机电时代跃入电子时代，交换技术发生了时代性变革。

由于电子交换机具有体积小、速度快、便于提供有效而可靠的服务等优点，因此引起世界各国的极大兴趣。在交换技术发展过程中，各国相继研制出各种类型的电子交换机。图 2-8 为我国中兴公司生产的 ZXJ10 程控数字交换机。

图 2-8　ZXJ10 程控数字交换机

就控制方式而论，电子交换机主要分为两大类：一是布线逻辑控制。相对于机电交换机，这种交换机虽然在器件与技术上向电子化迈进了一大步，但基本上继承与保留了纵横制交换机布控方式的弊端，即体积大、业务与维护功能低、缺乏灵活性，因此它只是机电式向电子式演变历程中的过渡性产物。二是存储程序控制。这种交换机将用户的信息和交换机的控制以及维护管理功能预先变成程序存储到计算机的存储器内，它属于全电子型，采用程序控制方式，因此被称为存储程序控制交换机，简称程控交换机。

思政课堂

从"七国八制"到"中华"脊梁

你熟悉中国通信发展历史吗？你听说过"七国八制"这个词吗？这曾是笼罩在中国通信人头顶上的一顶乌云，一度让中国的通信产业举步维艰，造成了早期电话网高额的初装费、长途费和漫游费。但也让中国通信人自立自强，培育出了世界知名的通信设备制造企业。

讲到"七国八制"时代，我们就要从固话时代说起，也就是程控交换机时代。因为在这个时期，国内使用的所有通信设备都是进口的，毕竟当时关键的核心技术都被美国、欧盟以及日本等国家掌控。因此在 20 世纪 80 年代，我国市场上总共有来自七个国家的八种制式的机型或网络，分别是日本的 NEC 和富士通、美国的朗讯、加拿大的北电、瑞典的爱立信、德国的西门子、比利时的 BTM 以及法国的阿尔卡特。各个厂家在国内抢占"势力范围"，给我国的通信产业带来了巨大的冲击，也让早期的中国通信费用居高不下，初装费、长话费、漫游费都让百姓叫苦不迭，装个固定电话动辄就要花上好几千。这个局面一直持续到1990 年，我国第一部由中兴通讯公司研发的数字交换机 ZX500 面世，才逐渐打破了西方的技术垄断与壁垒。

1G 时代由美国领先；2G 时代欧盟一家独大；3G 时代是欧盟、美国、中国三足鼎立。中国通信行业迎来突破，三大运营商（中国移动、中国联通、中国电信）都开始发力。2009 年，中国工信部向三大运营商发放了三张 3G 牌照。2014 年迈入 4G 时代，4G 时代被 LTE 一统江湖。4G 时代得益于中国市场规模之大，三大运营商大力推进，打造了全世界最大规模的 4G 网络。4G 的推行速度非常快，普及度也很高，还没等经过漫长的期待与酝酿，人们手里就已经用上了 4G 的设备和终端；随着 2018 年中国国际大数据产业博览会的召开，人工智能、大数据、物联网等成为了关键词，5G 终端也陆续亮相。中兴和华为作为我国两大设备制造商已经可以和外界正面对决，并领跑在世界前列。

中国在移动通信领域经历了1G空白、2G跟随、3G突破、4G并行、5G领跑的辉煌之路。尽管中国拥有全球最多的5G专利，但中国的芯片技术起步晚于国外巨头（如高通）。因此我国对于芯片技术的研究需要投入更多的时间和经费。如今，我国国产企业已经开始在这一领域加大研发力度，相信在不久的将来，中国芯片技术能够做到自主研发，成为这一领域的佼佼者。

思考：查询相关资料，试着了解我国民族通信企业的发展，了解这些企业为中国通信发展作出的贡献。作为通信类专业的学生，在中国电子芯片产业发展的关键节点，我们应该怎样做？

2.2　交换技术

2.2.1　电话网中的专业术语

1. 中继线

全世界的电话机不计其数，它们不可能接到同一个交换机上，那它们怎么能互相通信呢？原因是通过中继线把各地的交换机按照一定的规律连接起来，形成了一个大的通信网。交换机间的传输线就叫作中继线（如图2-9所示），它就像运送快递的高速公路，可以把用户要传送的信息通过一个个站点进行传送，直至终端。

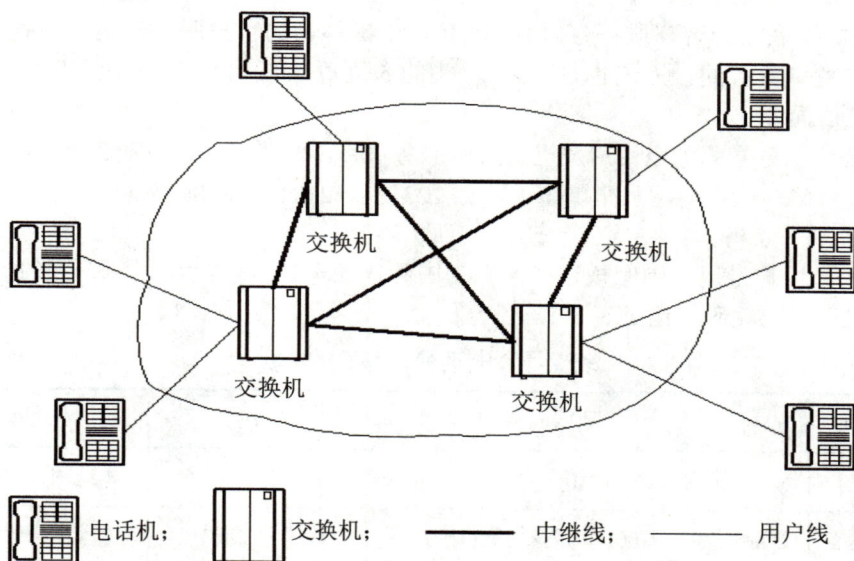

图 2-9　中继线原理

2. 电话号码

全世界这么多电话机接在不同的交换机上，交换机怎么知道用户要找的是哪一台电话机？这就需要给每台电话机设置一个编号，通过拨打对方编号告诉交换机要找的是谁。而且这个编号必须有一定规律，这样才能保证编号不重复且便于选路和计费。于是，我们给这个编号取一个名字，叫作电话号码 (Telephone Number)。电话号码的编号规律是怎样的呢？平时常用的电话号码有哪些类型，有什么规律？

人们邮寄包裹时写的地址有什么规律？如果想要把包裹正确无误地寄给对方，地址必须填写清楚，我们国家要求按照国家、省、市、区、街道、门牌号的顺序填写地址。以前邮政快递公司送信时，在分拣过程中会根据邮政编码，确定收件人在哪个国家、哪个省、哪个市、哪个区、哪个街道等，然后一级级地进行传递。通信网络传送用户信息其实和快递公司运送包裹类似，快递公司根据收件人的地址传送包裹，通信网根据用户拨打的电话号码来选路传送用户信息。以下是电话号码的基本规律。

1) 字冠和首位号码分配

首位"00"为国际自动电话字冠；"0"为国内长途全自动电话字冠；"1"为长途、本地特种业务号码或话务员座席群号码的首位号码，国家规定的特服业务编号是 1××，其中 × 的数值范围为 0 ～ 9；"2 ～ 9"为本地电话号码的首位号码，现在"9"大多也用于一些特殊号码，如 95566、95588、95511 等。

2) 特种服务编号

特种服务编号是为公众提供特殊服务项目的代码，目前分为三种：紧急救助业务号码、运营商客户服务号码和社会公众服务号码。

紧急救助业务号码使用"1"开头的 3 位短号码，目前有 110、119、120 和 122。

运营商客户服务号码使用"1"开头的 5 位短号码。例如，中国电信的客户服务号码为 10000，中国联通的客户服务号码为 10010，中国移动的客户服务号码为 10086，等等。当然，一些特殊业务的接入码也是"1"开头的 5 位短号码。手机号码也是"1"开头的，其规律将在后面介绍。

社会公众服务号码为电话用户提供特殊服务项目。为了缩短接续时间，便于记忆，社会公众服务号码一般很简短且全国统一，如 12315、12121、12306 等。

3) 普通用户号码

对于普通用户号码，国家规定"00"为国际自动电话字冠；"0"为国内长途全自动电话字冠。电话号码编码结构见表 2-1。

表 2-1　电话号码编码结构

本地网电话			本地网号码
国内长途	国内长途字冠(0)	长途区号(2或3位)	本地网号码(7或8位)
国际长途	国际长途字冠(00)	国家号码(1~3位)　长途区号(2或3位)	本地网号码(7或8位)

需要说明的是，每个国家的国际长途字冠的规定可能是不同的。例如，在我国先拨"00"，再拨国家代码；英国需要先拨"010"，再拨国家代码；美国规定"011"为国际长途字冠。

了解了电话号码的编码规律，想一想我们平时固定电话的拨打方式，如本地网、国内长途、国际长途的方法是否一样？为什么？

案例与分析

1. 留守湖南益阳的小明给远在东莞(769)的妈妈(电话号码为 87654321)打电话，他应该怎么拨号？

2. 如果小明到美国参加夏令营，他需要给远方东莞的妈妈拨打电话，应该如何拨打？

3. 如果小明已经到了东莞火车站，需要妈妈去车站接她，她应该如何拨打妈妈的固定电话呢？

如果留守湖南益阳的小明给远在东莞 (769) 的妈妈 (电话号码为 87654321) 打电话，他应该拨打 0769 87654321，我们来解析一下这个号码：0 表示国内长途，769 表示东莞，87654321 表示具体电话。也就是说，如果双方在同一个国内网，就需要拨打 0(国内长途代码)769(区号)7654321。

如果出国打电话回家，而所在国家的编号方式和我国一样，就需要拨打 00(国际长途字冠)86(国际代码)769(区号)87654321；如果所在国家编号方式和我国不一致，则先拨打该国国际长途代码，再拨打 86+ 区号 + 本地网电话号码。

小明已经到了东莞火车站，说明他和妈妈在同一个本地网，那么就只需要拨打电话号码 87654321。

3. 信令

在固话网中传送的各种信号，一部分是要传送的用户语音信号，另外一部分是用户不需要的 (或者说不是用户直接需要的) 信号，既然这部分信号是用户不需要的，为什么还要传送呢？

其实，任何用户信息 (包括语音、数据等) 的传送，总需要伴随着一些控制信息来控制电路。比如，用户谁向谁传送，信息走哪一条链路传送，什么时候传送等，都是由控制信息来决定的。这种控制信息就称为信令 (Signal)。信令消息的传送如图 2-10 所示。如果设备之间不发送信令，怎么建立他们之间传送语音信息的通路？

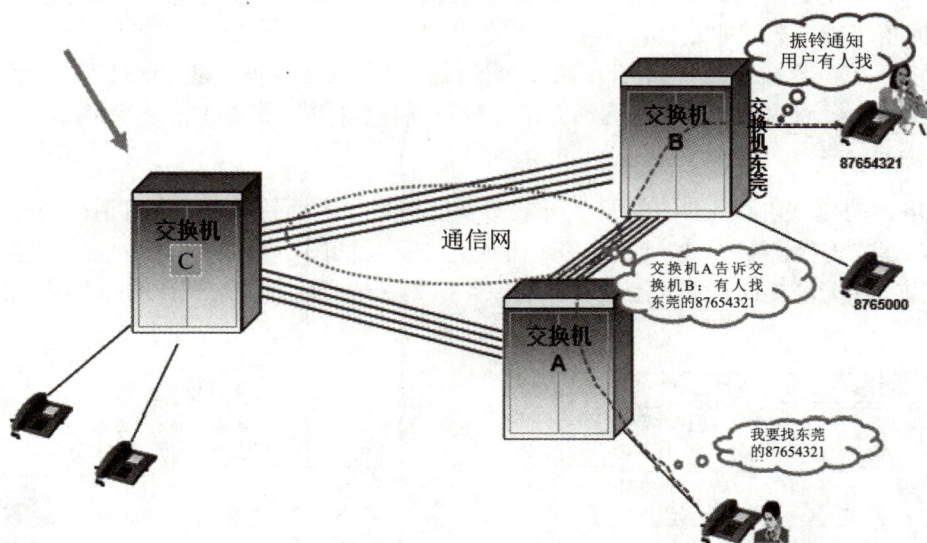

图 2-10　信令消息的传送

因为大多数电话用户并没有接在同一个交换机上，所以通信设备之间必须好好协商、分工合作。这些设备可能来自不同的厂家甚至不同的国家，如果不统一规定语音呼叫各设备之间需要传递的信息，以及它们的先后顺序、信息流的格式等，这些设备又怎么能够互相配合，把用户信息准确无误地传送给对方？就像大学生来自五湖四海，各有各的方言，就同学之间想要正常沟通，就必须有规范的语言标准 (如统一采用普通话)，否则都是对牛弹琴。因此，信令是通信协议标准，是通信界的法律，它规定了信息传送时的设备工作流程和规范。每台设备只有遵守这个规范，才能将应用信息安全、可靠、高效地传送到目的地。这些信息在计算机网络中叫作协议控制信息，而在电信网中叫作信令。

为了在不同类型交换机之间发送、接收、识别和处理信令，国际电信标准化组织和各国电信主管部门规定了统一的信令方式，以保证通信网的正常运行。信令传送所必须遵循的协议和规约称为信令方式；完成信令的传递与控制的功能实体称为信令设备。信令方式与其相应的信令设备构成信令系统。

在电话通信网中，信令具有三个基本功能：

(1) 监视功能：反映或改变用户线和中继线的状态，如表示用户线的摘、挂机状态，中继线的占用和空闲状态。

(2) 选择功能：信令传递呼叫接续的地址（电话号码）和用户类别信息等，为交换机进行路由选择和接续控制提供依据。信令系统对地址信息的传送和解析必须迅速可靠，否则将影响电话通信的实时性和网络连接的准确性。

(3) 管理功能：信令为电话网的管理提供相关信息。

2.2.2　固定电话的呼叫流程

留守湖南益阳的小明暑假去东莞（区号为769）找在那里工作的妈妈，临行前一天通过家里的固定电话给妈妈（电话号码为87654321）打了电话，告知妈妈火车到达时间。试从用户的角度想一想呼叫流程。

从上一节内容知道，固定语音电话要经过拨打对方电话号码"建立连接"（占用资源）、"双方通话"（一直占用资源）和通话完毕"释放连接"（释放资源）三个步骤。

1. 呼叫建立

在电路的建立阶段主叫：摘机—听拨号音—拨号—听回铃音；交换机通过信令传递号码信息，建立连接；被叫：振铃—应答。呼叫建立流程如图2-11所示。

如果被叫无法接通（忙或者有故障等原因），则送忙音或者通过录音通知主叫无法接通。

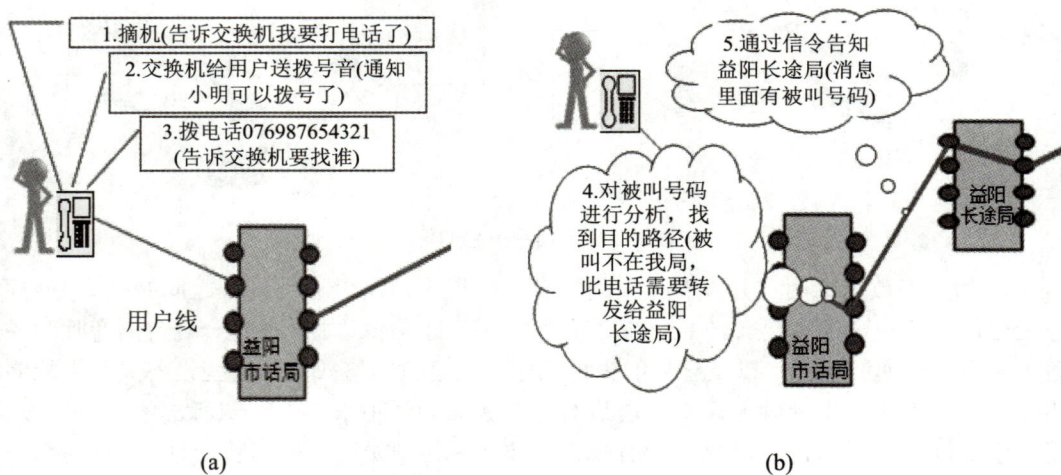

(a)　　　　　　　　　　　　　　　　(b)

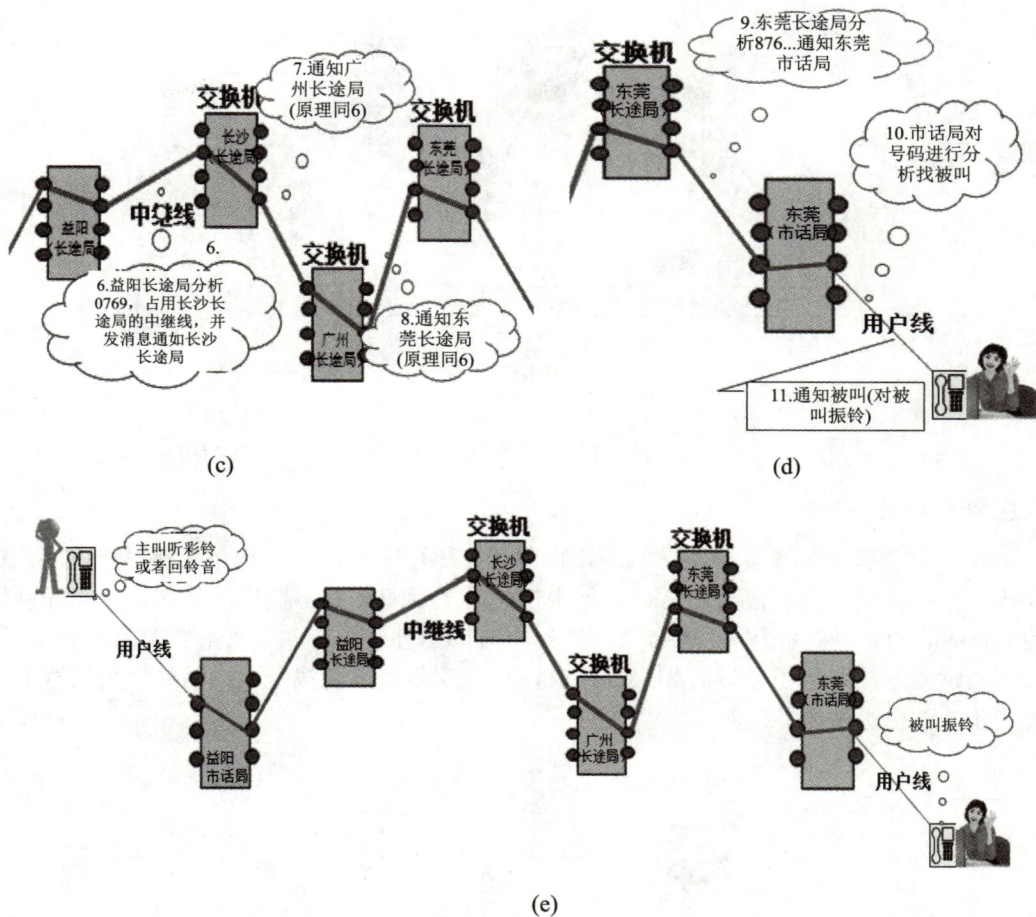

图 2-11　呼叫建立流程

2. 双方通话

被叫摘机应答后，用户就听不到振铃音和回铃音了，转为双方说的话互相可以听见，这时，运营商开始计费。双方通话流程如图 2-12 所示。

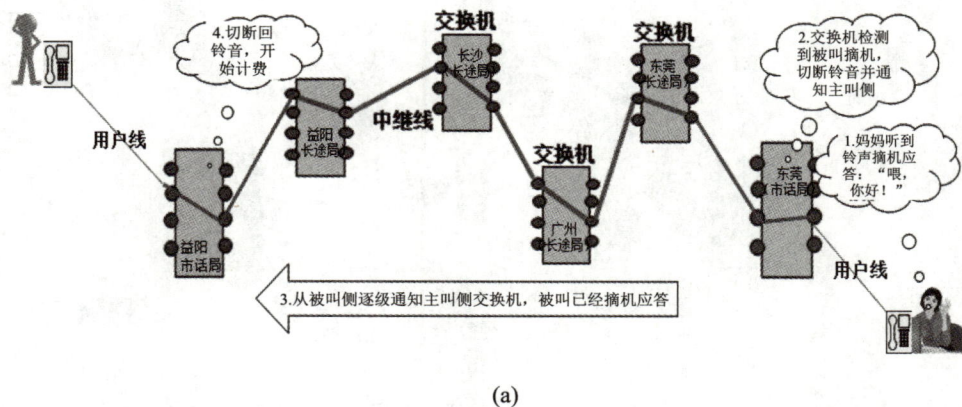

(a)

(b)

图 2-12　双方通话流程

3. 话终释放

通话双方说完"再见"是不是就停止收费呢？那可不是，运营商必须等用户占用的资源释放才停止计费。你有没有留意过，如果说完再见后双方都不挂机，那么话筒里面静悄悄的（通话的通路没有释放），只有当一方挂机时，另外一方听到忙音（嘟嘟的声音），这才表明通话的通路释放了。这时如果你还有话说，就需要重新拨号了。话终释放流程如图2-13 所示（以小明先挂机为例）。

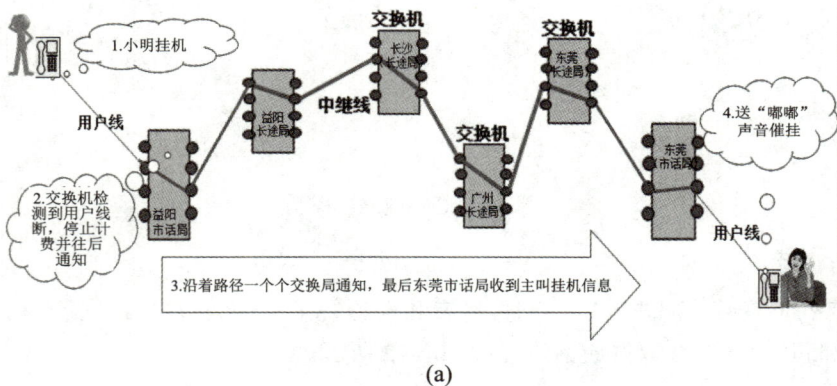

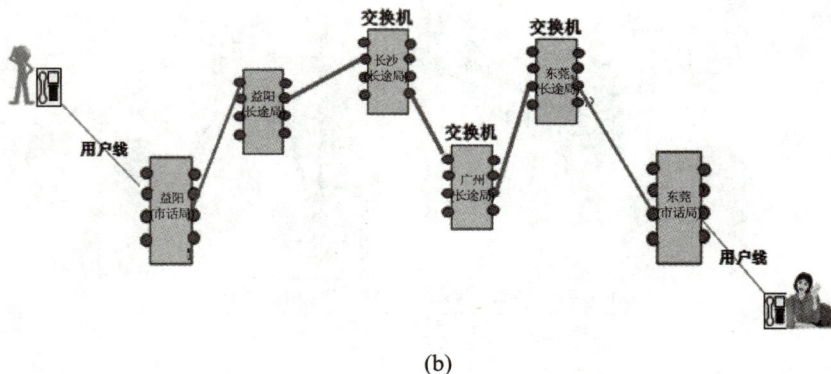

(a)

(b)

图 2-13　话终释放流程

分析和思考

通过学习以上呼叫流程思考以下问题：

1. 如果小明妈妈电话正忙，呼叫流程是怎样的？

2. 如果小明妈妈没有应答，呼叫流程是怎样的？

3. 如果小明电话欠费了，呼叫流程又是怎样的？

2.2.3　固定电话网的网络结构

前面介绍了小明在益阳、在美国、在东莞给妈妈拨打电话时，拨打的数字都不相同，为什么呢？因为电话号码是用来选路和计费的。通过用户拨打的电话号码，设备可以在通信网中选择一条到达目的地的最佳路径。电话号码的组成有一定规律，网络结构也应该有一定规律。下面介绍固定电话网的网络结构。

1. 电信网拓扑结构

对电信网而言，不管需要实现何种业务，服务何种范围，其基本网络结构形式都是一致的。拓扑是指网络的形状、网络节点和传输线路的几何排列，反映了电信设备物理上的连接性。电信网拓扑结构是描述交换中心之间、交换中心与终端间邻接关系的连通图。目前，网络的拓扑结构主要有星形结构、环形结构、网状结构、树形结构和总线结构等形式，如图 2-14 所示。

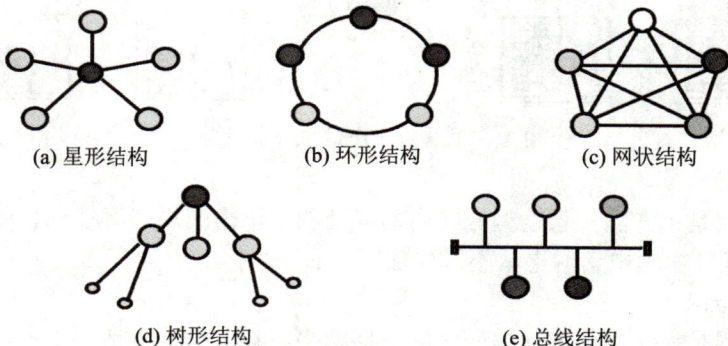

(a) 星形结构　　(b) 环形结构　　(c) 网状结构

(d) 树形结构　　(e) 总线结构

图 2-14　网络拓扑结构

不同拓扑结构交换网的主要性能比较详见表 2-2。

表 2-2　不同拓扑结构交换网的主要性能比较

交换网类型	星形结构	环形结构	网状结构	树形结构	总线结构
经济性	好	好	差	较好	较好
稳定性	差	较差	好	较好	较好
扩展性	好	差	较好	较好	很好
对节点要求	高	较高	高	较高	低

2. 我国固定电话网网络结构

固定电话网分为本地电话网和长途电话网。我国固定电话网的等级结构由原来的 5 级结构逐步演变为 3 级结构，长途电话网也完成了由 4 级结构向 2 级结构过渡。我国固定电话网网络结构如图 2-15 所示。

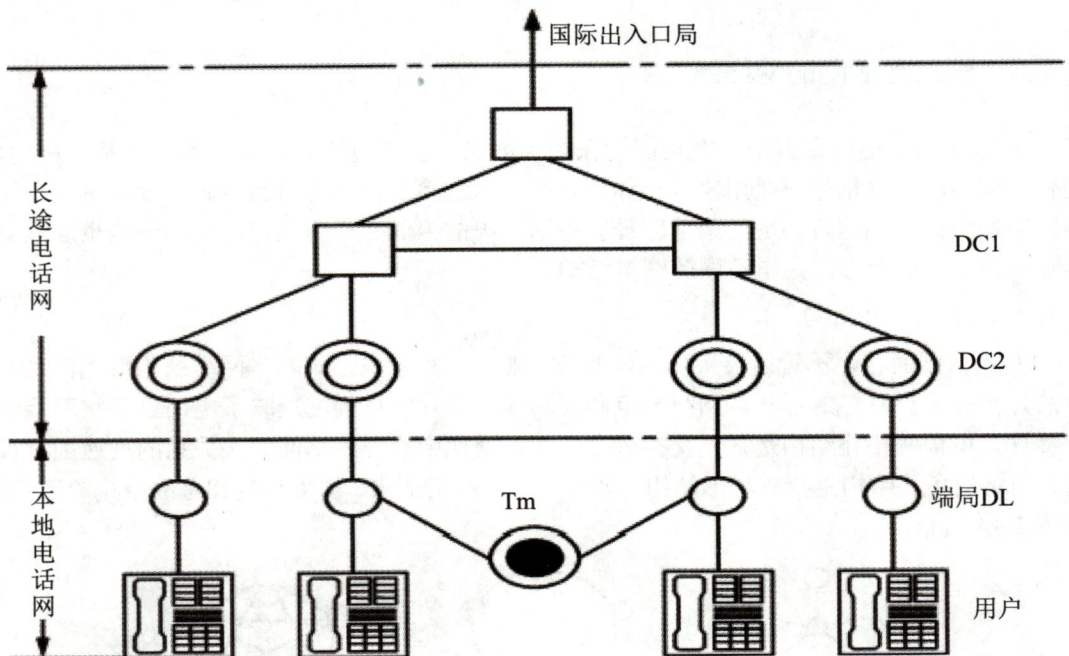

2-15　我国固定电话网网络结构

1) 本地电话网

本地电话网是指在同一长途编号区内的电话网络，由端局、汇接局、中继线、用户线和话机组成。拨打本地电话网电话不需要加区号。

2) 长途电话网

长途电话网是指在不同长途编号区的电话网络。某一本地电话网用户可以通过加拨国内长途字冠和长途区号，呼叫另一个长途编号区本地电话网的用户。

我国长途电话网 DC1(一级交换中心) 在省中心 (一般在省会)，互相组成网状结构；
DC2(二级交换中心) 在地级市。图 2-16 为长途两级网等级结构。

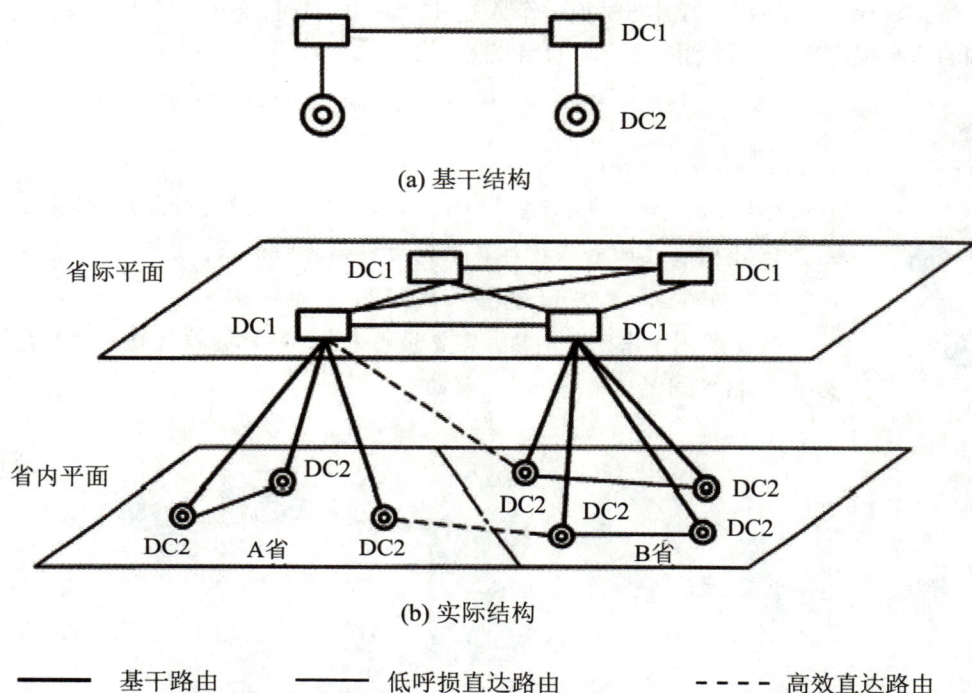

(a) 基干结构

(b) 实际结构

────── 基干路由　　────── 低呼损直达路由　　- - - - 高效直达路由

图 2-16　长途两级网等级结构

了解固定电话网的网络结构以后，就可以理解小明给妈妈打电话为什么需要经过那么
多交换机转发信息了。可以根据小明和妈妈通话连接图 (即长途固定电话路径，如图 2-17
所示)，再次理解电话网的网络结构。

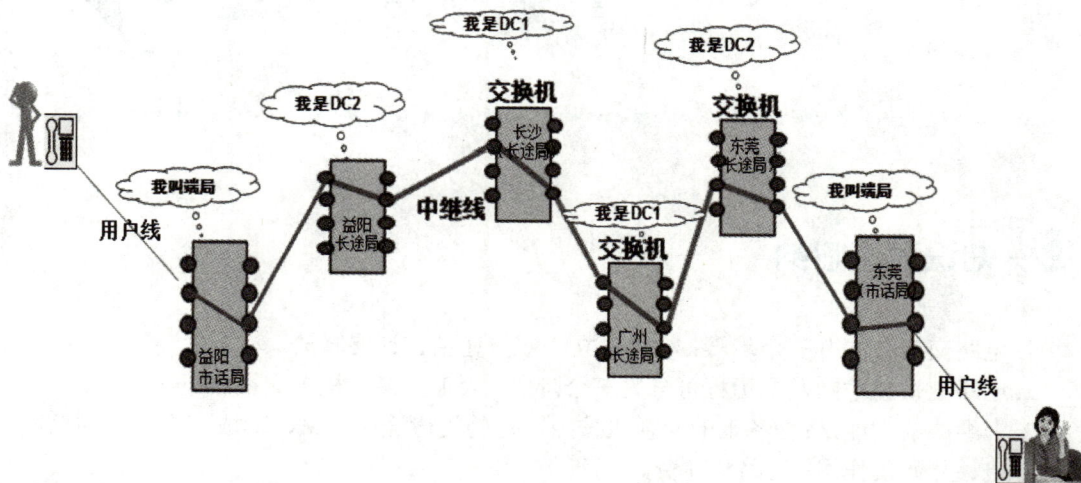

图 2-17　长途固定电话路径

3) 交换机的作用

交换系统的功能最终可归纳为两种：一种功能是在网络的入端和出端之间建立连接。交换系统就好比一堆开关，当需要时把一个入端和一个出端连接起来；另一种功能是把网络入端的信息根据需要分发到网络不同的出线上。

分析和思考

学习了固定电话网的网络结构后，是否可以通过拨号分析出通话路径呢？

1. 小明在益阳老家拨打在东莞的妈妈的固话后，通话路径是怎样的？并指明哪些属于DC1，哪些属于DC2。

2. 小明到了东莞火车站，需要妈妈去车站接他，拨打妈妈的固定电话(87654321)时的通话路径是怎样的？

知识要点归纳

1. 电路交换方式有三个步骤：呼叫建立、双方通话、话终释放。
2. 电路交换技术网发展历程可分为三个阶段：人工交换、机电交换和电子交换。
3. 中继线的功能是：把各地的交换机按照一定的规律连接起来，形成一个大的通信网。
4. 电话号码的作用：选路和计费。
5. 固定电话网的网络结构分为三级，其中长途网为两级 (DC1、DC2)。

课后练习

一、单选题

1. 用户线是（　　）间的传输线。

A. 用户终端到市话交换机

B. 市话交换机到市话交换机

C. 市话交换机到长途交换机

D. 长途交换机到长途交换机

2. 国内长途全自动电话字冠为（　　）

A. 00　　　　　　　　　B. 0

C. 1　　　　　　　　　D. 9

3. 紧急救助业务号码使用"1"开头的（　　）位短号码。

A. 1　　　　　　　　　B. 2

C. 3　　　　　　　　　D. 5

4. 中国移动使用的客户服务号码是（　　）。

A. 10000　　　　　　　B. 10001

C. 10010　　　　　　　D. 10086

5. 我国固定电话网的等级结构由原来的 5 级结构逐步演变为（　　）级结构。

A. 1　　　　　　　　　B. 2

C. 3　　　　　　　　　D. 4

二、多选题

1. 相对于步进制交换机，纵横制交换机的优势有（　　）。

A. 减少了磨损和杂音，提高了可靠性和接续速度

B. 采用间接控制方式

C. 控制部分与话路部分分开，提高了灵活性和控制效率，加快了速度

D. 利用继电器替代步进接线器

2. 步进制交换机的特点是（　　）。

A. 自动接续

B. 速度慢

C. 效率低

D. 杂音大

E. 机械磨损严重

3. 属于自动交换机的有（　　）。

A. 磁石交换机

B. 步进交换机

C. 纵横交换机

D. 程控交换机

4. 人工交换机的缺点是（　　　　）

A. 容量很小

B. 需要大量人力

C. 效率低下

D. 容易出错

5. 中继线是（　　　）间的传输线。

A. 用户终端到市话交换机

B. 市话交换机到市话交换机

C. 市话交换机到长途交换机

D. 长途交换机到长途交换机

6. 特种服务编号是为公众提供特殊服务项目的代码，目前分为（　　　　）。

A. 紧急救助业务号码

B. 运营商客户服务号码

C. 社会公众服务号码

D. 客户业务号码

7. 在电话通信网中，信令具有（　　　）等基本功能。

A. 监视

B. 选择

C. 管理

D. 计费

8. 交换机的功能有（　　　）。

A. 在网络的入端和出端之间建立连接

B. 把网络入端的信息根据需要分发到网络不同的出线上

C. 监视用户线和中继线的状态

D. 为电话网的管理提供相关信息

三、判断题

1. 中国在语音网上采取了 1 号信令协议。　　　　　　　　　　　　　　（　　）

2. 全世界的电话机接在相同交换机上。　　　　　　　　　　　　　　　（　　）

3. 信令就是通信协议标准，是通信界的法律，规定了一个信息传递时的设备工作流程、规范。　　　　　　　　　　　　　　　　　　　　　　　　　　　　　　（　　）

4. 如果被叫忙或者有故障等，则送忙音通知主叫无法接通。　　　　　　（　　）

四、简答题

1. 简述语音固定电话呼叫流程。

2. 试分析这个电话号码 008673185201111 的含义。

五、实验解析

根据本章中小明给妈妈打电话的实例，并结合实验课如 (机房设备认知)，分析其呼叫路径。

小明在益阳拨打 在东莞工作的 妈妈的电话	
小明在东莞火车站拨打 在东莞工作的 妈妈的电话	
小明在美国拨打 在东莞工作的 妈妈的电话	

第 3 章
移 动 电 话 网

知识目标

1. 了解移动电话网的演进史。
2. 掌握移动电话号码编号原则。
3. 掌握移动电话呼叫基本流程。
4. 掌握移动电话网网络结构。

能力目标

1. 能够根据电话的具体位置，分析拨打移动电话号码的方式。
2. 能够根据拨打的号码，分析接续过程和经过的路径。

素质目标

1. 培养独立思考和分析事情的能力。
2. 了解移动电话的发展历程，增强民族自信心。

1897 年，一艘名叫"圣保罗"号的邮轮缓慢地行驶在大西洋上，船上挤满了或坐或站的人。奇怪的是，所有人的脸上都挂着兴奋、期待与焦虑的神情，却无一人发出声响，仿佛虔诚地等待着一件伟大事物的降临。突然，一连串"嘀、嘀、嘀"的电报声打破了原本的平静，断断续续的声音犹如漆黑夜空中突然闪过的耀眼流星，瞬间划破长空。只见一人突然跳起来，大呼："成功了，成功了，我们终于成功了！"，顿时，所有人沸腾了起来，连海浪击打船舷的啪啪声都被人群的欢呼雀跃声盖过。这个跳起来的人叫马可尼，这一天他在邮轮上收到了从 150 公里外的怀特岛发来的无线电报。也正是这一天，他向世界宣告一个新生事物——"移动通信"诞生了，世界移动通信的序幕由此拉开。

3.1　移动电话网的演进史

自人类社会诞生以来，能够更加快捷、高效地通信就成为人类矢志不渝的追求。古代人以鸿雁传书、风筝通信、竹筒传书、飞鸽传书、烽火狼烟等方式传递信息；而现代人可以根据自己需要随时和远方的人通过固定电话对话，但前提条件是双方必须在电话机旁。移动通信的横空出世，让人们可以随时随地实现实时通信。

移动通信可以是移动体之间的通信，也可以是移动体与固定体之间的通信。移动体可以是人，也可以是汽车、火车、轮船、飞机等处于移动状态中的物体。

从 20 世纪 80 年代发展至今，移动通信技术经历了五个不同的时代，如图 3-1 所示，从 1G(First Generation) 到 5G(5th Generation)，每一代移动通信技术的更新都带来了时代的变迁。

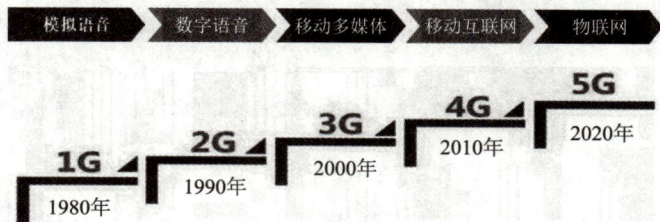

图 3-1 移动通信技术发展历程

3.1.1　1G：移动通信的开端

美国摩托罗拉公司在 20 世纪 90 年代推出了风靡全球的"大哥大"，即移动手提式电话，它最能代表 1G 的时代特征，板砖式的设计丝毫不影响人们对它的着迷程度。"大哥大"的推出，依赖于第一代移动通信系统 (1G) 技术的成熟和应用。

1986 年 1G 在美国芝加哥诞生，它采用模拟信号传输，将电磁波进行频率调制后，将语音信号转换到载波电磁波上，而载有信息的电磁波发布到空间后，由接收设备接收，并从载有信息的电磁波上还原语音信息，完成一次通话。

1G 采用 FDMA(频分多址) 技术传送语音。什么是 FDMA ？可以这样理解，在这种通信系统下，小区内的某个用户因打电话而占用了一个频道，那么其他用户打电话时就不能再占用该频道。

1989 年，第一个模拟蜂窝移动通信系统在广东省建立并投入商用，很快在全国范围内推广。由于该系统直接引进了国外开发的模拟通信系统，所以建网成本极高。那个年代虽然没有现在的中国移动、中国联通和中国电信，但有 A 网和 B 网之分，而这两个网的背后就是主宰模拟通信时代的爱立信和摩托罗拉。

当时一部摩托罗拉手机的售价高达上万元，再加上数千元的入网费，每分钟几毛钱的通话费，因此，"大哥大"刚推出之际，国内也仅限于一些商务人士使用，普通老百姓根本难以承受。

在那个开天辟地的时代，各个国家的 1G 通信标准并不一致，当时主流的标准有两个，如图 3-2 所示，一个是摩托罗拉公司开发的 TACS，另一个是由爱立信、诺基亚两家公司共同开发的 NMT。我们国家的 1G 建设主要跟摩托罗拉公司合作，TACS 标准有两个版本，欧洲沿用的是 ETACS 版本，我们国家沿用的是 JTACS 版本。

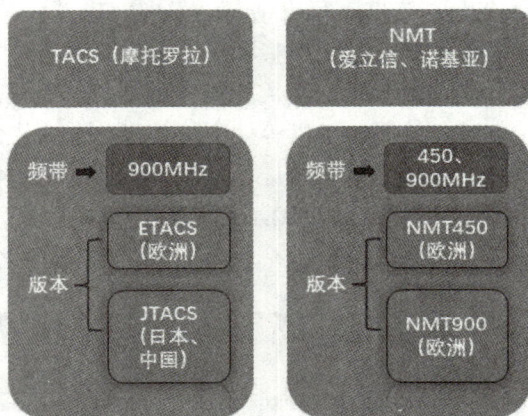

图 3-2 1G 通信标准

因为没有统一的通信标准，所以第一代移动通信并不能"全球漫游"，这大大阻碍了 1G 的发展。同时，由于 1G 采用模拟信号传输，因此其容量非常有限，存在较多缺陷，比如只能传输语音信号，且信号不稳定，安全性差，易受干扰，最致命的是收费不亲民。1G 在国内几乎是昙花一现，很快被 2G 取代。

3.1.2 2G：诺基亚的辉煌

1994 年，原中国邮电部部长用诺基亚 2110 拨通了中国移动通信史上的第一个 GSM 电话，中国开始进入 2G 时代。

1G 无法实现长途漫游的痛点，让人们意识到对于 2G 移动通信，不能让每个国家各自为政，还是需要遵守统一的标准。2G 通信标准有三种，如图 3-3 所示。1988 年，欧洲联合起来组成了 ETSI(欧洲电信标准协会)，1990 年制定了以诺基亚为代表的 GSM(全球移动通信系统)2G 欧洲标准。另外两种标准是美国高通公司主导的 CDMA(码分多址) 标准以及日本自行研制的 PDC(个人数字蜂窝电话) 标准。最终，基于 TDMA(时分多址) 的 GSM 标准很快在市场竞争中脱颖而出，迅速席卷了全球，现在跟 3G、4G、5G 共存，成为移动数字通信系统的常青树。

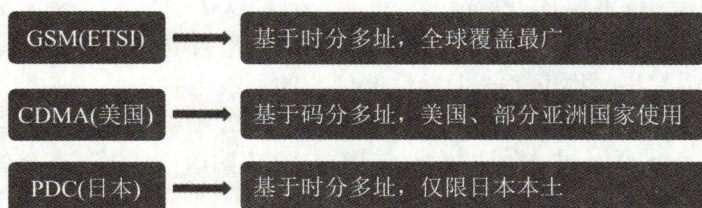

图 3-3　2G 通信标准

值得一提的是，CDMA 标准确实是开创性的伟大发明，虽然在 2G 时代未能取得优势，却在接下来的 3G 时代大放异彩。

PDC 标准虽然在技术上没有 GSM 和 CDMA 那么强大，但曾经在日本最高峰时期有近 8000 万的用户。

中国 2G 网络的建设始于 1994 年中国联通的成立，2000 年 4 月中国移动成立。为了改变长期依赖国外通信技术的现状，中国先后参与制定了 900 MHz TDMA 数字蜂窝移动网的网络、信令、无线接口、基站、终端等技术要求和测试方法，以及 GPRS 和 EDGE 等 2.5G 技术与应用标准。

随着 GSM 标准在全球范围内的广泛使用，出现了第一款支持 WAP(无线应用) 的 GSM 手机，即诺基亚 3310，它的出现标志着手机互联网时代的开始。诺基亚击败摩托罗拉成为全球移动手机行业的霸主，在这之后的很多年，诺基亚带给我们无数经典手机。直到乔布斯的 IPhone 诞生……

2G 通信技术规格以数字语音传输技术为核心，用户体验速率为 10kb/s，峰值速率为 100kb/s，一般无法直接传送电子邮件、软件等信息，但在某些规格中能够传送短信。从 1G 跨入 2G 的分水岭是从模拟调制进入数字调制。相比 1G 移动通信，2G 移动通信具有高度的保密性，系统的容量也在增加，话音的品质也提高了，同时能够提供多种业务服务。从这一代开始，手机可以上网了，虽然 2G 数据传输的速度很慢，但已能够传送短信，这为当今移动互联网的发展奠定了基础。

3.1.3　3G：开启智能时代

2007 年，乔布斯发布 IPhone，智能手机的浪潮随即席卷全球。从某种意义上讲，终端功能的大幅提升也加快了移动通信系统的演进脚步。

2G 技术在数据传输上的局限，让通信厂商找到了 3G 发展的方向。国际电信联盟 (ITU) 发布了官方第三代移动通信 (3G) 标准 IMT-2000(国际移动通信 2000 标准)，确定 WCDMA、CDMA2000、TD-SCDMA 三大主流无线接口标准。2007 年，WiMAX 成为 3G

的第四大标准。

3G 与 2G 的主要区别是 3G 支持高速的数据传输。3G 技术能够实现全球漫游的图片、音频、视频等多媒体信息服务，可通过手机浏览网站、召开电话会议和实现电子商务等，并且与 2G 具有良好的兼容性。相比于 2G，3G 依然采用数字数据传输，但通过开辟新的电磁波频谱、制定新的通信标准，3G 的传输速率可达 384 kb/s，在室内稳定环境下甚至可达 2Mb/s，这是 2G 时代传输速率的 140 倍。

2008 年，支持 3G 网络的 iPhone3 发布，人们可以在手机上直接浏览电脑网页、收发邮件、进行视频通话、观看直播等。支持 3G 网络的平板电脑也在这个时候出现，苹果、联想和华硕等公司都相继推出了一大批性能优异的平板电脑产品。人类正式步入移动多媒体时代。

中国于 2009 年 1 月 7 日给中国移动、中国联通、中国电信三大运营商颁发了 3G 牌照，它们采用的 3G 标准如图 3-4 所示。

中国电信	➡	WCDMA（欧洲）：占据全球80%市场份额
中国联通	➡	CDMA2000（美国）：日本、韩国、美国
中国移动	➡	TD-SCDMA（中国）：技术不够成熟

图 3-4　中国三大运营商的 3G 标准

中国联通采用了欧洲 WCDMA 标准，WCDMA 基于 GSM 发展而来，具有先天的市场优势，是终端种类最丰富的 3G 标准，占据了全球 80% 以上的市场份额。

中国电信采用了美国 CDMA2000 标准，CDMA2000 可以由 CDMAOne(2G 的 CDMA) 结构直接升级到 3G，成本低廉，使用该标准的地区有日本、韩国和北美。

中国移动采用了中国自己制定的 TD-SCDMA 标准，它因辐射低被誉为绿色 3G，但相对于 CDMA2000 和 WCDMA，起步较晚，技术不够成熟。

这三种标准都以 CDMA 技术为基础，CDMA 系统具有频率规划简单、系统容量大、频率复用系数高、抗多径能力强、通信质量好，以及支持软容量和软切换等特点，在移动通信系统中显示出巨大的发展潜力。

3G 的另一个标准 WiMAX(微波存取全球互通)，又称为 802.16 无线城域网，是一种为企业和家庭用户提供"最后一英里"的宽带无线连接方案。

3.1.4　4G：移动互联网时代来临

2013 年 12 月，工信部在其官网上宣布向中国移动、中国电信、中国联通颁发"LTE/第四代数字蜂窝移动通信业务 (TD-LTE)"经营许可，也就是 4G 牌照。至此，移动互联网进入了一个新的时代。

LTE(长期演进) 是由 3GPP(第三代合作伙伴计划) 组织制定的 UMTS(通用移动通信系统) 技术标准的长期演进，它基于 OFDM(正交频分复用) 和 MIMO(多输入多输出) 等关键技术，改进并增强了 3G 的空中接入技术，被称为 3.9G 移动互联网技术。

LTE-Advanced，是 LTE 技术的升级版，也是真正的 4G 标准，它包含 TDD(时分双工) 和 FDD(频分双工) 两种制式，在中国，这两种制式分别称为 TD-LTE 和 FDD-LTE。中国移动、中国联通、中国电信三家运营商的 4G 标准选择如图 3-5 所示，TD-SCDMA 能够进化到 TDD，因此，中国移动选择了 TD-LTE 的组网模式。WCDMA 网络能够进化到 FDD，因此中国电信采用了 FDD-LTE，中国联通则采用了混合组网模式。

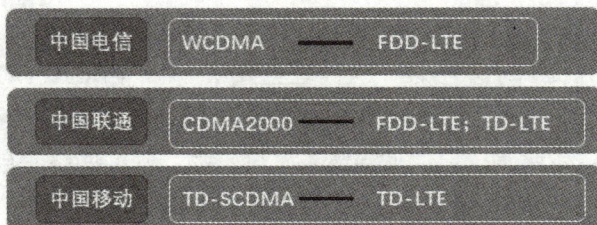

图 3-5　中国三大运营商的 4G 标准

4G 集 3G 与 WLAN 于一体，能快速传输数据、高质量的音频和视频，上网速率理论上可达 3G 的 50 倍，实际体验可以媲美 20 M 的家庭宽带。在 4G 时代，移动支付、在线教育、短视频、直播等应用成为人们的日常，4G 通信带来了真正意义上的沟通自由，并彻底改变了人们的生活方式甚至社会形态。

3.1.5　5G：开启万物智联

互联网和数字化的广泛应用，颠覆了传统的信息获取和传递方式，造就了当今的信息时代。虽然 4G 仍然可以满足目前大部分网络应用的带宽需求，但在某些特定的应用场景，比如自动驾驶、远程医疗等，4G 技术就显得有点捉襟见肘了。

5G 将使移动连接深度覆盖到人类社会的方方面面，开启万物广泛互联、人机深度交互的新时代，最终实现"信息随心至，万物触手及"。

ITU-T(国际电信联盟) 通过向全球征集 5G 的指标要求，综合各国意见，确认了 5G 的 8 个可量化关键指标，如表 3-1 所示，5G 的峰值速率、流量密度、连接数密度等较 4G 都有巨大的提升。

表 3-1　4G、5G 可量化指标对比

技术指标	4G参考值	5G参考值	提升效果
峰值速率	1 Gb/s	10～20 Gb/s	10～20倍
用户体验速率	10 Mb/s	0.1～10 Gb/s	10～100倍
流量密度	0.1 Tbps/km^2	10 Tbps/km^2	100倍
端到端时延	10 ms	1 ms	10倍
连接数密度	10^5/km^2	10^6/km^2	10倍
移动通信支持速度	350 km/h	500 km/h	1.43倍
能效	1倍	100倍提升	100倍
频谱效率	1倍	3～5倍提升	3～5倍

2019 年被称为 5G 商用元年。2019 年 6 月 6 日，中国工信部向中国移动、中国联通、中国电信和中国广电四家公司发放 5G 商用牌照。随后运营商们开始紧锣密鼓地布局 5G 规划和建设，5G 浪潮正式进入中国千家万户。

从 1G 到 5G，如图 3-6 所示，每一代系统的业务特点都具备强烈的时代特征，反映了社会的进步和互联网业务的蓬勃发展。1G 采用模拟通信技术，主要解决语音通信的问题；2G 开启了移动数字通信时代，可支持窄带的分组数据通信，最高理论速率为 236 kb/s；3G 发展了多媒体通信，并提高了安全性，最高理论速率为 14.4 Mb/s；4G 是专为移动互联网而设计的通信技术，传输速率可达 100 Mb/s，甚至更高；5G 是有高速率、低时延、大连接特点的新一代宽带移动通信技术，是实现人、机、物互联的网络基础设施。

图 3-6 移动通信历代业务特点

纵观移动通信发展史，1G 时代各自为政；2G 时代欧洲一家独大；3G 时代表面是欧洲、美国、中国三足鼎立，但实际上是中、美联合抗衡欧洲；美国在 4G 时代凭借智能手机实现了弯道超车，与中国平分秋色。5G 标准现已颁布，参与角逐的各方仍然竞争激烈，不过以目前全球基站建设情况来看，中国绝不会落后。相信不久的将来，将会出现 6G，更甚至 7G……

3.2 移动电话号码编号原则

本书第 2 章已介绍了电话号码具有选路和计费两个功能，那我们平时拨打固定电话和移动电话时的拨号方式有没有区别？

移动通信网通过移动用户号码 (MSDN) 来标识移动电话网内的每一个移动用户，该号码与固定电话号码的编号原则不同。例如，小明虽然不知道妈妈在哪里出差，但可以通过固定电话拨打妈妈的手机号码来找妈妈，这是为什么呢？

3.2.1 移动用户号码结构

移动用户号码是指主叫用户为呼叫移动用户所拨的号码。移动用户号码结构如图 3-7 所示。

国家码（CC）	国内目的地码（NDC）	用户号码（SN）

国内移动用户
ISDN 号码

国际移动用户
ISDN 号码

图 3-7 移动用户号码结构

CC：国家码，即在国际长途电话通信网中的号码。中国的国家码为 86。

NDC：国内目的地码，由移动网接入号 N1N2N3 和 HLR(归属位置寄存器) 识别号 H0H1H2H3 两部分构成。其中 N1N2N3 用于识别网络，H0H1H2H3 用于用户归属的 HLR。

SN：移动用户号码，共 4 位。

3.2.2 移动网接入号

移动网接入号用于识别不同的移动通信系统。中国移动 GSM 移动通信系统使用 139、138、137、136、135 等接入；中国联通移动通信系统使用 130、131、132 等接入，中国电信移动通信系统使用 180、181、189 等接入。图 3-8 说明了移动号码各段数字的含义。

18973159999
的含义？

189表示归属网络是中国电信
7315表示归属长沙
9999是用户号码

图 3-8 移动号码各段数字的含义

国内移动电话网用户号码为 11 位 (如 139H0H1H2H3××××)；国际漫游时，移动电话网用户号码为 13 位 (如 86139H0H1H2H3××××)。

因为国内移动电话网的 11 位用户号码在全国网络内是唯一的，不会重复 (固网只在同一本地网是唯一的)，所以无论用户漫游到哪里，直接拨打手机号码都可以找到他。

分析和思考

1. 小明在益阳用固定电话如何拨打妈妈手机号码13829109999(东莞)? 小明在东莞用固定电话又怎么拨号呢? 如果小明妈妈正好出差到了上海,用宾馆固定电话,小明如何给妈妈拨号?

2. 小明用手机(益阳买的手机卡)如何拨打妈妈手机号码13829109999(东莞)? 小明到了东莞,要不要改变拨号方式呢? 如果小明妈妈正好到了上海出差,要不要改变拨号方式呢?

3. 小明到美国参加夏令营,他要用宾馆座机给妈妈报平安,该如何拨打妈妈的手机号码?

3.3 移动通信网络结构

3.3.1 移动通信系统的组成

为了便于各设备之间的互连互通,ITU-T 于 1988 年对公用陆地移动通信网 (PLMN, Public Land Mobile Network) 的结构、功能和接口及其与公共电话交换网 PSTN 等的互通作出详尽的规定。下面以 GSM 网络系统构成为例介绍移动通信系统的组成 (如图 3-9 所示),移动通信系统由以下功能单元组成:

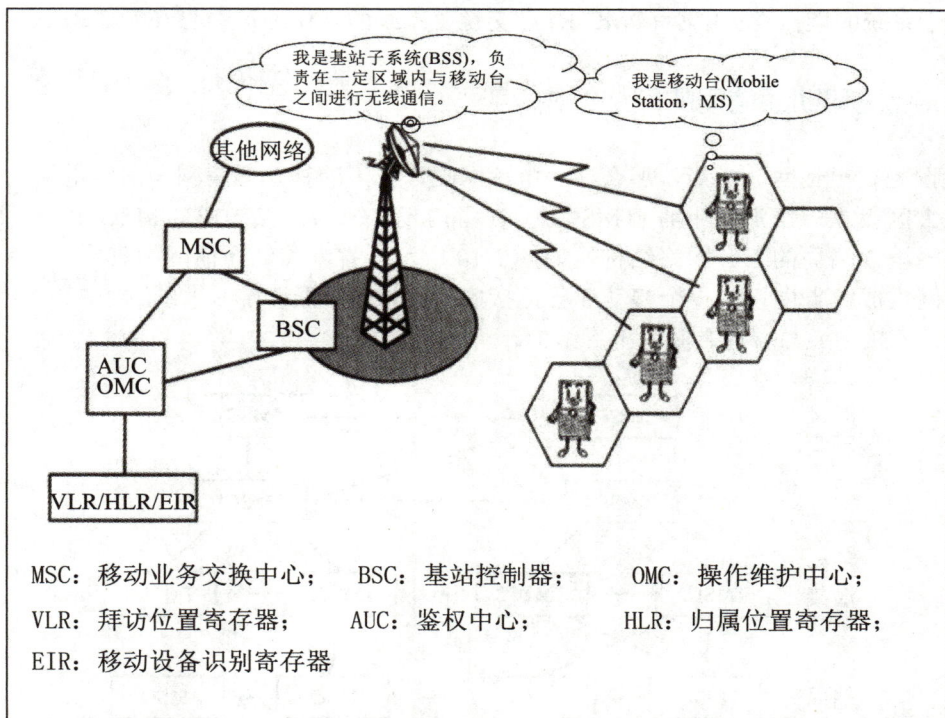

图 3-9　GSM 网络系统构成

(1) 移动台 (MS)：包括移动设备 (ME) 和用户识别模块 (SIM)。根据业务的状况，移动设备可包括移动终端 (MT)、终端适配功能 (TAF) 和终端设备 (TE) 等功能部件。

(2) 基站 (BTS)：为一个小区服务的无线收发信设备。

(3) 基站控制器 (BSC)：具有对一个或多个 BTS 进行控制以及响应呼叫控制功能的设备，BSC 以及相应的 BTS 组成了 BSS(基站子系统)。BSS 是指在一定的无线覆盖区内，由移动业务交换中心 (MSC) 控制，与 MS 进行通信的系统设备。

(4) 移动业务交换中心 (MSC)：对位于它管辖区域内的移动台进行控制、交换的功能实体。

(5) 拜访位置寄存器 (VLR)：是 MSC(移动交换中心) 为其管辖区域中 MS(移动台) 呼叫接续时所需检索信息的数据库。VLR 存储一些与呼叫处理有关的数据，例如用户的号码、所处位置区的识别码、向用户提供的服务等参数。

(6) 归属位置寄存器 (HLR)：管理部门用于移动用户管理的数据库。每个移动用户都应在其归属位置寄存器注册登记。HLR 主要存储有关用户的参数和有关用户目前所处位置的信息两类信息。

(7) 移动设备识别寄存器 (EIR)：存储有关移动台设备参数的数据库，主要完成对移动设备的识别、监视、闭锁等功能。

(8) 鉴权中心 (AUC)：认证移动用户的身份并产生相应的鉴权参数 (随机数 RAND、符号响应 SRES、密钥 Kc) 的功能实体。

(9) 操作维护中心 (OMC)：操作维护系统中的各功能实体，依据厂家的实现方式可分为无线子系统的操作维护中心 (OMC-R) 和交换子系统的操作维护中心 (OMC-S)。

3.3.2　我国移动通信网的网络结构

我国固定电话网分三级，那么移动电话网呢？我国的移动通信网与固定电话网类似，也是在大区设立一级汇接中心 (TMSC1)、在省内设立二级汇接中心 (TMSC2)、在移动业务本地网设立端局的三级网络结构，如图 3-10 所示。省内移动通信网由省内的各移动业务本地网构成，省内设若干个移动业务汇接中心 (即二级汇接中心)，汇接中心之间为网状结构，汇接中心与端局之间为星形结构。

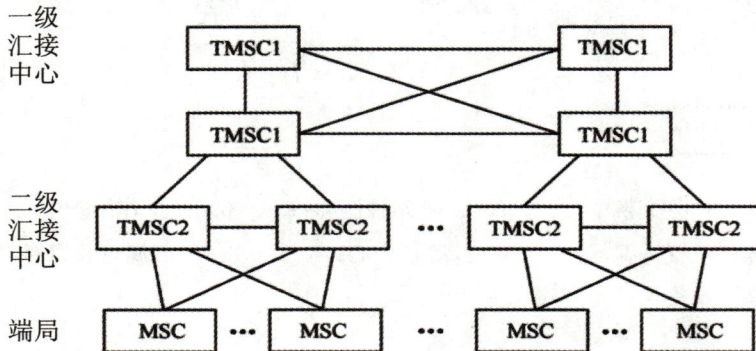

图 3-10　我国移动通信网的网络结构

3.4　移动通信的语音呼叫流程

3.4.1　移动用户呼叫固定电话用户的流程

当一个移动用户要建立一个呼叫时，只需拨打被叫用户的号码，再按"发送"键即可。具体流程是：移动用户通过随机接入信道 (RACH) 向系统发送接入请求消息，之后移动交换中心便给主叫用户分配一个专用信道，查看主叫用户的类别并标记此主叫用户忙，若系统允许该主呼用户接入网络，则移动交换中心向用户发送"确认收到接入请求"的信息。

主叫用户发起呼叫，如果被叫用户是固定电话用户，则系统直接将被叫用户号码送入固定电话网 (PSTN)，固定电话网将号码连接至目的地。这种连接方式与固定电话的区别仅仅在于发送端的移动性。也就是说，移动台先接入移动交换中心，移动交换中心再与固定电话网相连，之后就和平时的电话接续没有什么差别了，即由固定电话网接到被叫的用户端。

移动用户呼叫固定电话的呼叫流程如图 3-11 所示。

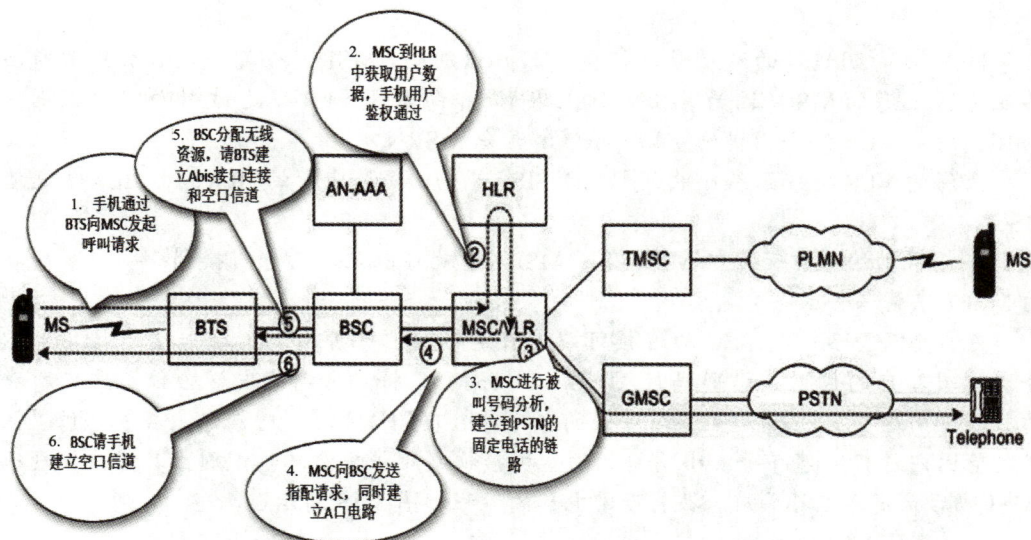

图 3-11 移动用户呼叫固定电话的呼叫流程

MS：移动台； BTS：基站收发信台； BSC：基站控制器； MSC：移动交换中心；

VLR：拜访位置寄存器； HLR：归属位置寄存器； PSTN：固定电话网

3.4.2 固定电话用户呼叫移动用户的流程

假如小明妈妈到了上海出差，小明仍然可以用固定电话拨打她的手机（如图 3-12 所示）。这是怎么实现的呢？

图 3-12 小明的疑惑

案例分析：小明拨打妈妈的手机号码13829109999，本地交换机根据小明所拨打的手机号的国内目的地码 (1382910)，与东莞移动的入口交换机建立链路，并将妈妈的手机号码 13829109999 传送给 MSC。

MSC 分析此号码，并根据 2910，利用查询功能向妈妈手机卡所在的 HLR（归属位置寄存器）发送移动号码，询问小明妈妈的漫游号码 (MSRN)。

HLR 将小明妈妈的移动号码转换为客户识别码 (IMSI)，查询小明妈妈目前所在的业务区上海的 MSC(因为她出差到上海)，并向该区 VLR 发送被叫的客户识别码 IMSI，请求 VLR 给小明妈妈分配一个漫游号码 MSRN。

上海的 VLR 把分配给小明妈妈的 MSRN 号码回送给东莞的 HLR，由 HLR 发送给 MSC。

东莞移动的入口交换机 MSC 有了 MSRN，就可以把入局呼叫接到小明妈妈所在的 MSC(东莞——上海)。

东莞 MSC 与上海 MSC 的连接可以是直达链路，也可由汇接局转接。上海 VLR 查出被叫客户的位置区识别码 (LAI) 后，上海 MSC 将寻呼消息发送给位置区内所有的 BTS，由这些 BTS 通过无线路径上的寻呼信道 (PCH) 发送寻呼消息，在整个位置区覆盖范围内进行广播寻呼。小明妈妈的手机接收到此寻呼消息，识别出其客户识别码 IMSI 码后，发送应答响应。拨打漫游电话的流程如图 3-13 所示。

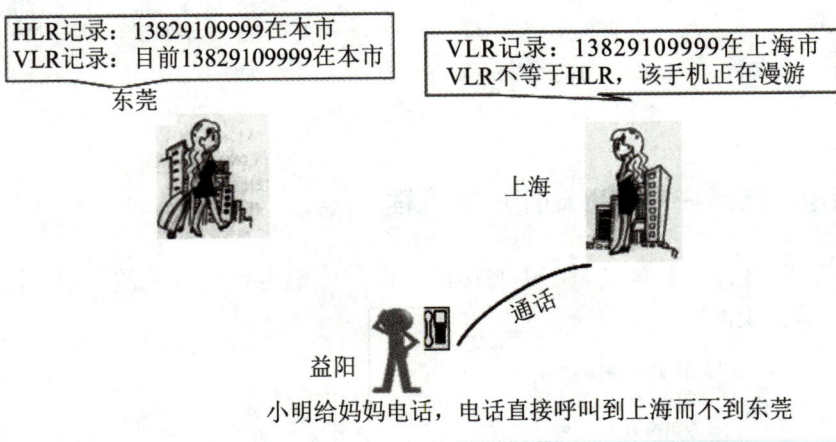

图 3-13　拨打漫游电话的流程

3.4.3　移动用户呼叫移动用户的流程

如果被呼号是同一网中的另一个移动用户，则移动交换中心以类似从固定电话网发起呼叫的处理方式，实现归属寄存器的请求过程，转接被叫用户归属的移动交换机；一旦接通被叫用户的链路准备好，网络便向主叫用户发出呼叫建立证实，并给它分配专用业务信道 (TCH)。主叫用户等候到被叫用户响应证实信号后，即完成移动用户呼叫的过程。也就是说，移动用户呼叫移动用户是"移动用户呼叫固定电话用户"以及"固定电话用户呼叫移动用户"两者的结合。但移动台的移动性造成呼叫过程更复杂，要求也更高。其复杂之处在于移动台与移动交换中心之间的信息交换，包括基站与移动台之间的连接以及基站与移动交换中心之间的连接。

分析和思考

1. 如果小明妈妈在东莞，则小明用手机拨打他妈妈手机的呼叫流程是怎样的？

2. 如果小明在益阳用固定电话拨打他妈妈手机，则呼叫流程是怎样的？

思政课堂

大学生给家里打电话频率调查报告

随着移动互联网的快速发展，手机成为了最便捷的通信工具，衣食住行都离不开网络。一天中手机陪伴我们的时间最长，刷短视频、升级网络游戏、购物、外卖服务等成为了一种习惯，人与人之间的通信似乎只有微信和QQ。在这种状态下，父母想要收到一个孩子打来的电话变得难上加难，请你回想下：你多久拨通一次父母的电话呢？

从调查的 100 名学生来看，近 80% 的学生每天联系最多的是同学和朋友，只有 5 名学生回答和父母联系最多；近 70% 的学生每周至少和父母联系一次，其中近 40% 的学生是为了索要生活费，还有 50% 的学生朋友圈屏蔽了父母。

思考：回想下自己给家里打电话的频率，对此你有何感想？

知识要点归纳

移动电话网经历了 1G、2G、3G、4G、5G 时代，其中 1G 采用模拟信号，仅仅可以用于语音通话；2G 采用数字调制技术，它可以用来上网；3G 技术可以实现全球漫游，提供图片、音频、视频等多媒体信息服务，包括通过手机浏览网站、召开电话会议和进行电子商务；4G 在传输速度上有着非常大的提升，可以观看视频；5G 可以实现万物互联。

我国的移动通信网和固定电话网类似，也在大区设立一级汇接中心 (TMSC1)，在省内设立二级汇接中心 (TMSC2)，在移动业务本地网设立端局。

课后练习

一、单选题

1. 无线电报的发明者是 (   )。

A. 莫尔斯　　　　　B. 贝尔　　　　　C. 马尼克　　　　　　D. 吴基传

2. 4G 传输速率更快，用户体验最大能达到 (   )Mb/s 下行速率。

A. 2　　　　　B. 20　　　　　C. 200　　　　　D. 2000

3. 国际漫游时，移动电话网用户号码为 (   ) 位。

A. 9　　　　　B. 11　　　　　C. 13　　　　　D. 15

4. 国内移动用户号码中的前三位表示 (   )。

A. 国家　　　　　B. 移动网络　　　C. 用户归属的 HLR　　　D. 用户归属的 VLR

5. 国内移动电话号码中的最后 4 位号码表示 (   )。

A. 国家码　　　　　B. 网络号　　　C. HLR 号　　　D. 移动用户号

二、多选题

1. 我国固定电话网分为 (   )。

A. 本地电话网　　　　　　B. 长途电话网

C. 农村电话网　　　　　　D. 国际电话网

2. GSM 系统由 (   ) 组成。

A. 移动台 MS　　　　　B. 移动交换中心 MSC　　　　　C. 基站 BTS

D. 基站控制器 BSC　　　E. 位置寄存器 (HLR、VLR)

3. 1G 通信存在众多弊端，如 (   )。

A. 保密性差、系统容量有限、频率利用率低

B. 只能进行语音通信，无法进行数据传输

C. 不能实现长途漫游

D. 设备成本高、体积重量大

4. 2G 时代也是移动通信标准争夺的开始，主要通信标准有 (   )。

A. GSM 标准　　　　　　B. CDMA 标准

C. TDMA 标准　　　　　　D. FDMA 标准

5. 中国于 2009 年 1 月 7 日颁发了 3 张 3G 牌照，分别是 (　　　)。

A. CDMA2000　　　　　　B. WCDMA

C. TD-SCDMA　　　　　　D. ITM-2000

三、判断题

1. 我国长途电话网 DC1(一级交换中心) 在省中心 (一般在省会)，DC1 互相组成网状结构。　　　　　　　　　　　　　　　　　　　　　　　　　　(　　)

2. 1986 年，第一代移动通信系统 (1G) 在美国芝加哥诞生，采用数字信号传输。(　　)

3. 2G 时代手机采用数字调制技术，只能打电话和发送简单的文字信息。　　(　　)

4. 3G 与 2G 的主要区别是 3G 支持高速的数据传输。　　　　　　　　　(　　)

5. 5G 时代为移动互联网时代。　　　　　　　　　　　　　　　　　　(　　)

四、简答题

1. 试分析一下移动电话号码 13707318888 的含义。

2. 简述我国移动电话网的网络结构。

3. 简述移动电话网的发展历程。

五、实验解析

根据本章中小明给妈妈打手机电话的实例，结合实验课 (如移动机房设备认知)，分析其呼叫路径。

通信案例	呼叫路径分析
小明在益阳拨打在东莞工作的妈妈的手机	
小明在东莞火车站拨打在东莞工作的妈妈的手机	
小明在美国拨打在东莞工作的妈妈的手机	

第 4 章
互 联 网

知识目标

1. 了解IP网的发展历程。
2. 理解HUB、交换机、路由器的基本工作方式以及区别。
3. 了解广播电视网的发展历程。

能力目标

1. 能够简单描述HUB、交换机、路由器的数据转发过程。
2. 能够简述CATV和HFC的区别。

素质目标

1. 认知我国在IP技术上的发展地位。
2. 树立创新技术的理念和信心。

　　20 世纪中叶，美国将西部四所大学的四台服务器连接起来，建成了世界上第一个网络，这个网络叫作阿帕网 (ARPANET)，它就是互联网的雏形。

　　1969 年 10 月 29 日 22 点 30 分，当时 ARPANET 上的主机都直接与就近的节点交换机相连，克兰罗克教授主持了一个联网实验，他将美国加利福尼亚大学洛杉矶分校 (UCLA) 第一节点与斯坦福国际研究院 (SRI) 第二节点进行连通，实现了计算机之间采用分组交换技术的远程通信。在这伟大的时刻，互联网真正诞生了！

4.1　IP 承载一切

　　随着技术的不断发展，连入网络的计算机越来越多，网络技术也逐渐成为了"全民共享"。人们将网络与网络之间按照一定的协议联系起来，组成了一个最庞大的网络，这就是今天人们使用的因特网 (Internet)。任何科技不管本质如何，最终还是要服务于人民。互联网正是这一道理的鲜明产物。

　　在 1969 年那个伟大的实验后，人们希望将联网范围进一步扩大，即在加州通过数据包无线网络给 SRI 发送报文，然后 SRI 将该报文通过 ARPANET 转发到东海岸，再通过卫星网络发送到伦敦的大学学院，从而验证了现有的 ARPANET 协议并不适合跨越多个网络运行。

　　1972 年，计算机业和通信业的拔尖儿人才齐聚美国首都华盛顿，一起参加了第一届国际计算机通信会议。在热烈的讨论氛围中，会议决定在不同的计算机网络之间达成共通的通信协议。随后，石破天惊的因特网处女秀开场了，会议决定成立 Internet 工作组 (IETF, The Internet Engineering Task Force)，负责建立这种标准规范。这是 Internet 第一次出现在世人面前，也是第一次由官方宣布。

　　虽然 Internet 出世了，但只空具一个名号而已。1974 年，IP(网际) 协议和 TCP(传输控制) 协议相继问世，才意味着处于散兵游勇状态的计算机网络能够通过人们都熟悉的语言进行通信，也表示互联网不但有了内容，并且在"团结就是力量"的真理指引下，具备了令世人瞩目的话语权！

　　1983 年，TCP/IP 协议成为 ARPANET 上的标准协议，使得所有使用 TCP/IP 协议的计算机都能利用互联网通信。1985 年起，美国国家科学基金会 (NSF) 围绕六个大型计算机中心建设计算机网络，这就是国家科学基金会网络 (NSFNET)。如图 4-1 所示，NSFNET 是一个三级计算机网络，包括国家主干网、地区网和校园网 (或企业网)。这种三级计算机网络覆盖了全美国主要的大学和研究所，并且成为因特网中的主要组成部分。各大学的主机可连接到本校的校园网，校园网可就近连接到地区网，每个地区网又连接到主干网，主干网再通过高速通信线路与 ARPANET 连接。这样，学校中的任意一台主机可以通过 NSFNET 来访问任何一个超级计算机中心，实现用户之间的信息交换。

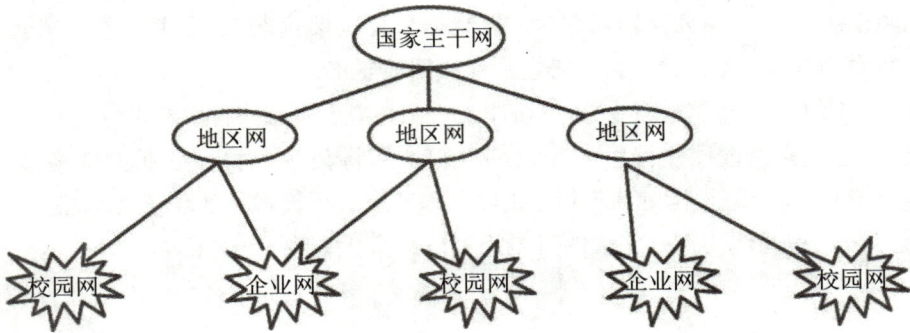

图 4-1　NSFNET 的网络结构

1993 年起，由美国政府资助的 NSFNET 逐渐被若干个商用的因特网主干网替代，并且出现了因特网服务提供商 (ISP)。用户可以向某个 ISP 缴费，从该 ISP 获取所需 IP 地址的使用权，即通过该 ISP 接入因特网 (如图 4-2 所示)。

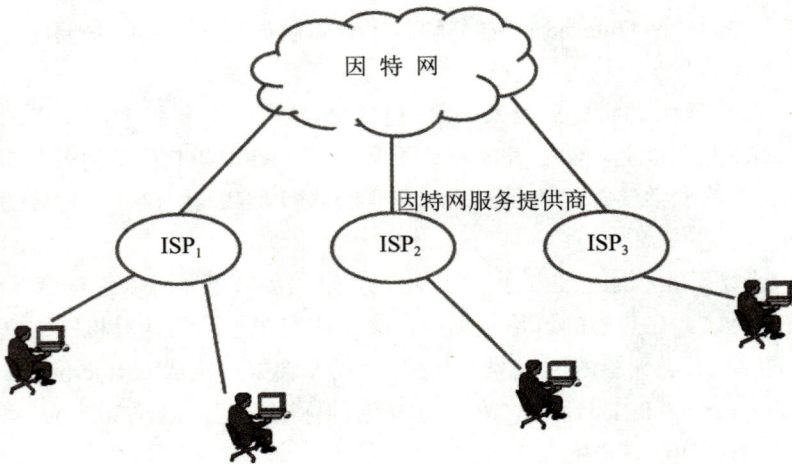

图 4-2　ISP 接入示意图

TCP/IP 在潜移默化中改变了我们工作、生活中的每个细节，更重要的是，它彻底改变了人类文明的发展进程。21 世纪刚开始，就有无数人意识到了一个通信发展的大趋势——Everything over IP，就像英国人发现瓦特改造的蒸汽机若为工厂所用，效率将以百倍千倍的速度提高，美国人发现核的力量若应用于军事则能改变整个战局。现在，人们已经意识到，TCP/IP 无处不在，它的核心思想就是"网络互联"，即使用不同底层协议的异构网络，在传输层、网络层建立一个统一的虚拟逻辑网络，以此来屏蔽所有物理网络的硬件差异，从而实现网络的互联。在此基础上，新的物理网络又逐渐向 TCP/IP 协议靠拢，而原来各种其他制式的通信协议退出了历史舞台，IP 协议渐渐统治了整个通信网络。于是就有了 Everything over IP 以及 IP over Everything。

互联网无孔不入、无坚不摧、无处不在，于 20 世纪末发展至今已迅速渗透到各行各业，而今，其内容之丰富多彩、业务之包罗万象，是最初缔造者始料未及的。

4.1.1　TCP/IP 协议

为什么要有网络协议？古代神话有一则"通天塔"的故事，上天为了阻止人类联合起来，就让人类说不同的语言，使人类之间无法沟通，达不成"协议"，于是通天塔的计划以失败而告终。但是在 21 世纪的今天，我们使用各种智能终端，打破彼此之间的语言隔阂，通过一种叫作"TCP/IP"的网络语言协议，在联系世界的互联网里，相互沟通交流，打造属于我们自己的"通天塔"。

参照 ISO 制定的 OSI 的七层协议模型，TCP/IP 的整个体系结构分为应用层、传输层、网际层和网络接口层。TCP/IP 协议分层模型如图 4-3 所示。

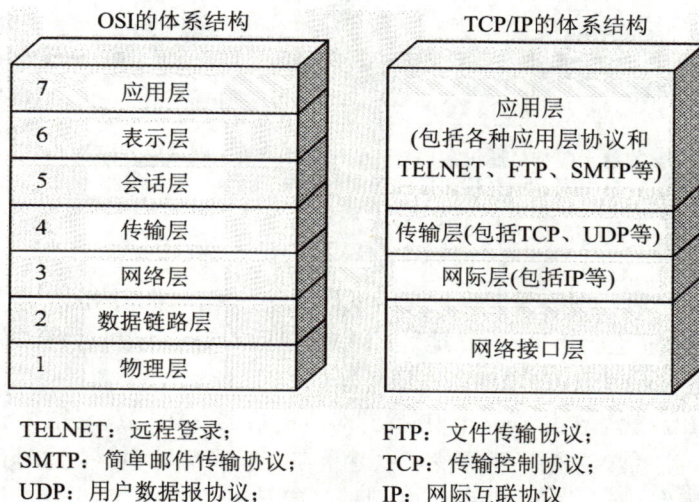

OSI的体系结构　　　　　　TCP/IP的体系结构

7	应用层
6	表示层
5	会话层
4	传输层
3	网络层
2	数据链路层
1	物理层

应用层
(包括各种应用层协议和
TELNET、FTP、SMTP等)

传输层(包括TCP、UDP等)

网际层(包括IP等)

网络接口层

TELNET：远程登录；　　　　　　FTP：文件传输协议；
SMTP：简单邮件传输协议；　　　TCP：传输控制协议；
UDP：用户数据报协议；　　　　　IP：网际互联协议

图 4-3　TCP/IP 协议分层模型

为了更好地理解 TCP/IP 协议，下面通过登录某电商购物的案例介绍在互联网中传递信息都使用了哪些网络协议。

首先在浏览器里输入 https:/ /www.taobao.com/，这是一个统一资源定位器 (URL)。只知道浏览器的名字是"www.taobao.com"，但是不知道该去哪个站点访问。于是，打开地址簿，使用地址簿协议 DNS 去查找得到这个地址：140.205.220.96。这个就是 IP 地址，是互联网世界的"门牌号"。

知道了目标地址，浏览器就开始进行打包它的请求。对于普通浏览请求，往往会使用 HTTP 协议；对于购物请求，往往需要进行加密传输，因而会使用 HTTPS 协议。无论是什么协议，里面都会写明"你要买什么和买多少"。

域名系统 (DNS)、HTTP、HTTPS 属于 TCP/IP 协议中的最高层——应用层。需要发送的信息经过应用层封装后，浏览器会将应用层的包交给下一层 (传输层) 去完成。传输层有两种协议：一种是面向连接的 TCP，另一种是面向无连接的 UDP，前者可靠性高，后者传输效率更高。对于购物支付的信息，往往使用可靠的 TCP。所谓面向连接，就是指 TCP 会保证这个包能够到达目的地；如果不能到达，则会重新发送，直至到达。

　　TCP 协议里面会有两个端口，即源端口和目的端口。源端口是浏览器监听的端口号，目的端口即电商的服务器监听的端口号。操作系统往往通过端口号来判断它得到的包应该给哪个进程。常用的应用层协议对应的端口号如图 4-4 所示。

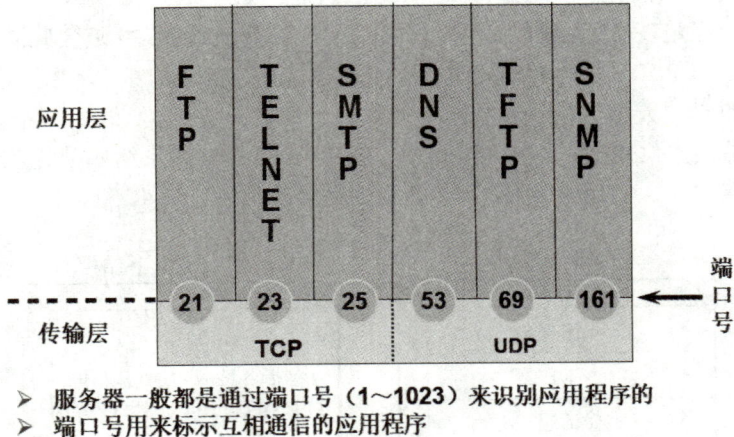

图 4-4　常用的应用层协议对应的端口号

　　传输层封装完毕后，浏览器会将包交给操作系统的网际层。网际层最著名的协议就是 IP 协议。在 IP 协议里也会有两个 IP 地址：源 IP 和目的 IP，分别对应浏览器所在设备的 IP 地址（比如 192.168.1.101) 和电商所在服务器的 IP 地址。

　　知道了目的 IP，就需要根据这个 IP 找到对应的机器。操作系统先判定这个 IP 是否在本地，如果不在，则需要进行外地寻找，也就是在互联网环境中，从本地跨往外地进行寻找，这时需要过网关，而默认的网关的 IP 地址一般是 192.168.1.1。

　　如何知道这个本地网络的网关在哪呢？答案是靠"吼"，也就是在本地广播一下，等待网关的回应。如图 4-5 所示，操作系统大吼一声，"谁是 192.168.1.1 啊？"网关会回答它，"听到广播啦。我在这里。我在村东头啦"。这个本地地址就是媒体存取控制 (MAC) 地址，而大吼的那一声是地址解析协议 (ARP)，网关回应的就是 MAC 地址。

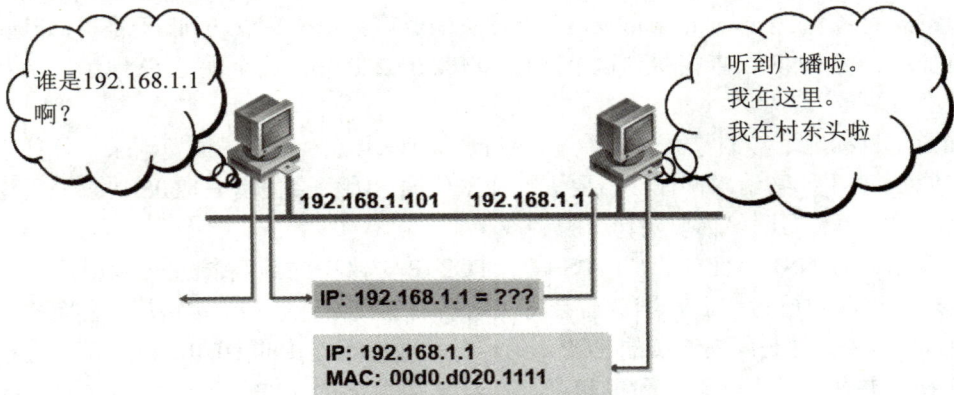

图 4-5　ARP 工作机制

　　然后，就从网际层找到网络接口层，网卡会将包发送出去，网关收到包之后，需要知道往哪里发送。路由器中有路由表，路由表里会告诉下一跳要往哪里走，就好比出去问路，有人不会直接告诉你目的地，而是告诉你先到哪里，再到哪里，最后到哪里。

　　直到我们找到最后一个网关的地址为止。最后一个网关知道网络包的位置，于是，对着这个 IP 网段广播，"谁是目的 IP 啊"，这样就能知道具体服务器的 MAC 地址。通过这个 MAC 地址可以找到目的服务器，目的服务器发现 MAC 地址对上了，取下 MAC 头并发送给操作系统的网络层，找到对应的 IP 地址，也取出 IP 头，然后传给传输层，传输层提取 TCP 协议头。在这一层，对于收到的包进行确认，即返回一个确认收到的回复。

　　网络包到达 TCP 层后，TCP 协议头中有目的端口号，于是找到监听这个端口的进程，然后接受 HTTP 请求 (就是程序内部微处理) 后，回复一个 HTTPS 的包，告诉下单成功，整个流程结束。

　　一个简单的请求过程中涉及了四个层次的协议。分层协议及端口地址信息如图 4-6 所示。

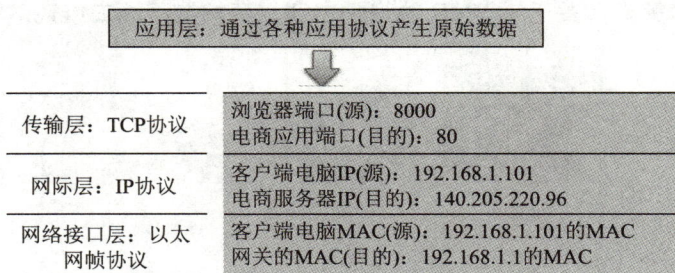

图 4-6　分层协议及端口地址信息

　　MAC 地址又被称为硬件地址，长度是 6 字节，分为两部分，前面 24 位由管理机构统一分配给不同的网卡生产厂家且具有唯一性，后面 24 位由厂家自行分配，所以基本上保证了同一物理网络中不会出现两个相同的 MAC 地址。

4.1.2　IP 地址分类

　　作为互联网世界的门牌号码，传统的 IP 地址通常采用 IPv4 协议，总共 32 位 (bit) 二进制代码。为了方便书写和记忆，IPv4 地址被点 (".") 分隔为四个部分，每个部分为 8 位。然后将 8 位二进制代码换算成十进制。比如，10.100.122.2 就是一个典型的 IPv4 地址。随着互联网接入的设备与日俱增，这样产生的 IP 地址已用完，于是就有了 128 bit 的 IPv6 地址协议。现在互联网的设备基本上兼容 IPv4 和 IPv6 两种地址信息。

　　在 IPv4 协议中，IP 地址分为以下五种类型：

(1) A 类地址：保留给政府机构。

(2) B 类地址：分配给中等规模的公司。

(3) C 类地址：分配给任何需要的人。

(4) D 类地址：用于组播。

(5) E 类地址：用于实验。

A、B、C 类地址主要分为两部分，前面一部分是网络号，后面一部分是主机号。A、B、C 三类地址所包含的主机的数量见表 4-1。

表 4-1 IP 地址分类

类别	IP地址范围	最大主机数	私有IP地址范围
A类地址	0.0.0.0～127.255.255.255	16 777 214	10.0.0.0～10.255.255.255
B类地址	128.0.0.0～191.255.255.255	65 534	176.16.0.0～172.31.255.255
C类地址	192.0.0.0～223.255.255.255	254	192.168.0.0～192.168.255.255

由于 32 位的 IP 地址资源有限，为了提高利用率，又将地址分为公有地址和私有地址。表 4-1 的右列是私有 IP 地址范围。平时，我们看到的办公室、家里或学校的 IP 地址一般都是私有 IP 地址。这些地址允许组织内部的网管人员自己管理、自己分配，而且可以重复。公有 IP 地址则由专门机构统一分配。

TIPS：想要了解更多关于 TCP/IP 协议的内容，请扫描下面二维码。

分析和思考

请查询下列资料：

1.迄今为止，全球的网民有多少？其中，我国网民所占比例是多少？

2.我国的 ISP 有哪几家公司？你的手机或者有线宽带归属哪家 ISP？

4.2　HUB、交换机和路由器

　　如果把 IP 网看作一张城市交通网，那么这里要研究的是城市交通中城市主干线、次干线、交叉路口、交通标志、信号灯、人行横道之间的关系，以及它们如何工作才能满足人们安全、快速、方便的出行需求。在 IP 网中如何安全、快速、有序地将数据包送到目的地呢？

　　下面介绍 IP 网中路由与交换节点——HUB(集线器)、交换机和路由器，以及 IP 网是如何有条不紊地工作的。

　　HUB、交换机和路由器都能进行数据转发，但是其转发原理各有不同。首先看下面这个比喻，从而对它们各自工作方式的区别有个抽象的认识。

　　某一天，你到女友翠花就读的学校去找她，那么根据你的身份切换 (HUB、交换机、路由器) 会出现下面三种做法：

» 头脑简单的集线器

　　你站到学校里，大喊一声"翠花，我来找你了！"(广播)

　　如果这个时候正好有别人也在大喊，那么你就必须等他喊完了再喊。(排队)

　　如果你喊的时候恰巧碰上另一个人跟你同时喊，那么你和他喊的内容都不能被听见。(冲突)

　　你喊的时候是听不见别人说什么的，只有喊完了才开始竖起耳朵听。(半双工工作方式、监听)

　　果然，对面楼里传来了你女友的声音"你在哪？我等你。"(响应)

» 智商在线的交换机

　　你女友事先告诉了你她的手机号码 (MAC 地址)。

　　你拨通了她的手机。(建立连接)

　　对她说"我来找你了，不远千山万水，历经千难万险，我的一片赤诚之心……"。(独享信道)

　　你女友听得不耐烦，没等你说完就回了一句"我知道了！"。(全双工方式)

» 逻辑缜密的路由器

　　你事先把你女友所在的 XX 系 XX 级 XX 班 XX 号座位的信息记录在你的粉红色笔记本上。(建立路由表)

　　你找到翠花的地址 (IP 地址)，并且确定如何才能找到她的途径。(路由选择)

你到学校门房问到了 XX 系所在的楼，又到 XX 系问到了 XX 班的教室，又到 XX 教室问到了 XX 号座位的位置……经过 N 次询问 (N 跳)，你终于来到了翠花的面前。

通过上述的比喻，相信大家对集线器、交换机、路由器的区别都有了一个较为清晰的概念。下面再以正规的概念分析集线器、交换机、路由器三者的区别，从而对它们有一个更深入的了解。

如果说城市交通网的基本要素是道路、交叉路口和交通指示牌，那么构建 IP 网最基本的材料则是线路和设备 (HUB、交换机和路由器)。线路属于传输网范畴，设备则是 IP 网的核心部件，是 IP 网的"节点"，如图 4-7 所示。

图 4-7　IP 网三剑客

这三种设备用于将真实数据从出发地发送到目的地。什么是"真实数据"呢？"真实数据"就是终端设备之间传送的、携带有效信息的数据。这三种设备其实并不是任何"真实数据"的出发地或者目的地，但它们是"真实数据"的必经之路，而真正的出发地和目的地是各种 IP 网的终端设备——计算机、网关、手机、Pad、网络传真机、网络打印机等。如果合理搭配这些终端设备，那么就能让"真实数据"快速、顺利地到达目的地，并尽可能地节约资源和保证安全。

4.2.1　HUB

HUB 的外观很简单，几乎与目前四接口的交换机的外观一模一样，即一个类似方形的盒子、几个 RJ-45 的接口、一排指示灯、一根电源线。虽然 HUB 已经完全退出了历史舞台，但它也曾是"共享式以太网"的核心设备。共享式以太网的每个接入终端都共享一根总线，谁要发言，谁就先去抢线，为了能发言，每个终端不得不学会"抢答"。在发展初期，以太网都采用复杂的直线型连接，并配有终结器，一旦某段线缆出了问题，整个局域网将无法正常工作。就像乘坐公交车时大家都排队候车，先下后上，如果有一个人不守秩序非要车门一开就往上冲，那么结果肯定是该下车的人下不来，该上车的人也上不去了。

HUB 的工作层次是 TCP/IP 架构的第 1 层 —— 物理层。物理层本身不支持任何通信协议，可以把 HUB 理解为一个"直肠子"，它不能理解收到的数据包的内容，也不知道该往哪个端口传送。所以，转发数据只能用到唯一的杀手锏 —— 广播。

所谓广播，就是将一个数据包送达所有端口的传输方式。这样不仅造成资源的浪费，耽误时间，更重要的是往往会给网络带来可怕的"广播风暴"。

4.2.2 交换机

为了提高数据包转发效率，专家们引入了"交换式以太网"，其核心设备是交换机，它可以使多组通信同时进行。图 4-8 所示为共享式以太网和交换式以太网的区别。交换式以太网的交换机保存着每个终端的 MAC 地址对应表，可以直接传送数据，无须广播到所有端口，从而保证以太网正常工作。交换机分为二层交换机和三层交换机。

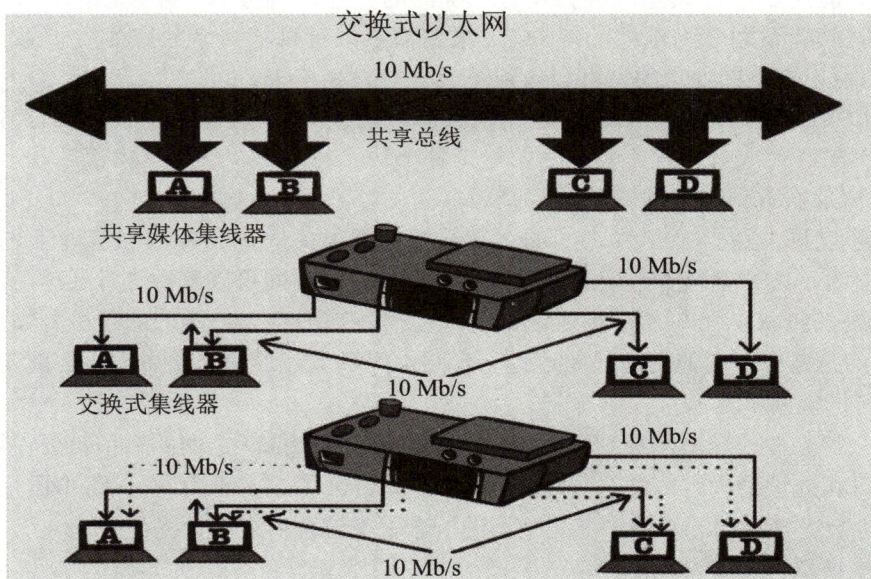

图 4-8　交换式以太网和共享式以太网的区别

二层交换机工作在 TCP/IP 架构的第 2 层 —— 传输层，就是以太网层；而三层交换机则可以工作在 TCP/IP 架构的第 2 层和第 3 层（网际层，即 IP 层）。二层交换机不具有任何路由功能，与之连接的每个终端都在同一个 IP 地址段中。三层交换机具有路由功能，与之连接的每个终端可能在同一个 IP 地址段中，也可能不在同一个 IP 地址段中。

有了 HUB 和交换机，以太网的线缆发生了革命 —— 非屏蔽双绞线开始应用在星形局域网中，于是它就成了我们平时所说的"网线"。RJ-45 接口代替过去被称为 AUI 的接口，成为计算机和 HUB 或交换机的标准接口。HUB 或以太网的应用使某条线缆或某个设备发生故障时不至于造成整个网络的设备都遭受残酷的"连坐"。在 10Base2 连接局域网时代，任何一段线缆出现问题，全网就会崩溃。HUB 使以太网的局域网真正"稳定"下来。

　　绝大多数的企业办公局域网目前都采用以太网交换机，而不采用 HUB。特别是 VLAN（虚拟局域网）技术的广泛应用，使交换式以太网比共享式以太网有明显的性能优势，使用者会感受到更快的数据交换速度。随着交换芯片成本的降低，当前交换机和 HUB 的价格已经非常接近，所以 HUB 基本已经被用户淘汰。

　　当多个二层交换机用以太网线连接起来（称为"级联"）时，二层交换网络上的所有设备都会收到广播消息。如果这个以太网终端数量过多，那么泛滥的广播信息会造成网络效率大幅降低。很容易理解，一个办公室有三五个人还好，如果有三五百人，他们同时交谈，每个人还能安心工作吗？工作效率还能保证吗？在以太网的局域网里，"广播风暴"是个令人头痛的问题。

　　解决"广播风暴"的方法是，将一个二层交换网络进一步划分为多个虚拟的局域网 (VLAN)。这里的"虚拟"是"逻辑"的意思，也就是说，按照一定的逻辑关系将主机划分为若干群组，这种群组是逻辑组，和主机所在的物理位置无关。

　　在实际应用中，可以把一个企业每个部门的计算机划分为一个 VLAN；可以把一所大学的不同的院系划分为不同的 VLAN；根据需要，可以把一个处室的主机划分为两个 VLAN，也可以把不同处室的主机划分到同一个 VLAN 中去。

　　在一个 VLAN 内，由一台主机发出的信息只能被具有相同虚拟网编号的其他主机接收，局域网的其他成员则收不到这些信息。各部门、各院系、各处室内部广播，"井水不犯河水"。因此有人把 VLAN 称为"广播域"。

　　现实环境里，两个 VLAN 之间的终端很可能要发生关联。各部门有分工也有协作，各院系有交流，各处室也有密切的关联。以前，局域网之间可以直接进行通信，无需路由器。但是划分 VLAN 后，这种情况将发生变化 —— 在一个以太网内的主机，如果被划分在不同的 VLAN 中，它们之间只要通过一台路由设备就能通信。路由设备可能是路由器，也可能是三层交换机。

　　一个大型企业的局域网被划分为 50 个 VLAN，各 VLAN 之间的通信需要占用大量的路由器端口和处理能力。解决了"广播风暴"，却带来了成本压力 —— 路由器可不便宜，并且效率也会大打折扣。于是，三层交换的概念就在这种情况下被提出了。

　　三层交换机在二层交换机的基础上增加了三层路由功能。

　　只要把二层交换机的内核加上路由器的内核，组装在一起，不就是三层交换机了吗？从理论上说，这是可以实现的，但是在工业实践中，三层交换机和路由器采用的转发机制不完全相同。

　　早期的或者低端的路由器通常用软件来实现转发，用通用的处理器（比如 X86 架构的 CPU）来处理 IP 包，往往采用最长匹配的方式，实现复杂，效率很低，因此其转发能力肯定不如专业的交换芯片的，在网络中就会成为瓶颈。而三层交换机的路由查找是针对"流"的，它利用高速缓存技术，在成本不高的情况下能够实现快速转发。

4.2.3　路由器

　　1984 年，一对来自斯坦福的教师夫妇，莱昂纳德·波萨克（斯坦福大学计算机系的计算机中心主任）和桑德拉·勒纳（斯坦福商学院的计算机中心主任）在美国硅谷的圣何塞成立了一家公司。他们在自家的车库里设计和制造了一种名为"多协议路由器"的联网设备，希望把斯坦福大学中互不兼容的计算机网络连接在一起。于是，这家公司制造出世界上第一台路由器。最终，他们成功连接了该大学的 5000 台计算机，创建了第一个真正的局域网系统。

这家公司叫思科网络 (CISCO)。硅谷位于美国西海岸城市旧金山南部。旧金山以雄伟的金门大桥著称，因此思科的名称就取自旧金山 San Francisco 中的 CISCO，其标志就是金门大桥的图案。

1. 路由器的用途

似乎最为有效的工具才称为"器"，古人祭祀用"祭器"，打仗用"武器"，喝酒用"酒器"。封建社会代替奴隶社会，因为耕地用上了"铁器"，替代了"石器"或者"青铜器"。搭建 IP 网要用"路由器"。前面那些"器"已经有几十万甚至上百万年的历史，而路由器则只有几十年的历史，是典型的"大器晚成"。但路由器带给全人类的变革是其他"器"无法比拟的。

路由器是组成 IP 网的最主要的选路设备，是一个能够让进入其"体内"的、携带原始信息的数据包选择出口道路的交换机。

路由器是一个引路者，当你在陌生的城市中，找不到到达目的地的道路时，引路者将指引你找到正确的方向，并将你送达出口 (如图 4-9 所示)。

图 4-9　IP 包在路由器内的转发过程

路由器是一个信息中转站，它能够将不同制式的网络连接在一起。数据可能以各种方式 (如以太网帧、ATM 信元、SDH 帧、PPP 帧、HDLC 帧、帧中继等) 进入路由器。无论采用哪种方式，路由器都会把数据"打开"并进行分析，根据出口线路的类型重新封装到对应的帧或者信元中。就像货物乘船从水路进入港口，而在港口又被打包到火车上运送到内地。

路由器如同一台特殊的计算机，早期的路由器就完全采用传统计算机的体系结构，它也有 CPU、内存、中央总线、挂在共享总线上的多个网络物理接口。IP 网中纵横交错的众多路由器相互联结而组成一张庞大的交通网，如图 4-10 所示。

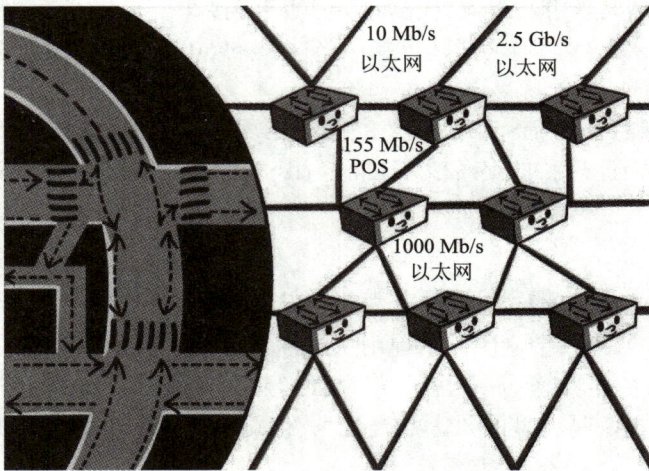

图 4-10 IP 网和交通网

路由器专门执行各种路由协议，并进行数据包的转发工作。也就是说，路由器擅长执行 TCP/IP 规定的内容，却不擅长进行绘图、科学计算、电子游戏、多媒体处理等方面的工作。路由器还能做很多诸如安全、拨号、VPN、流量控制、负载均衡、地址转换、安全等方面的工作。每个制造者都有不同的构想，他们往往赋予路由器更多的使命。

2. 路由器的接口类型

路由器的接口类型几乎涵盖了通信技术中所有的接口类型，选择哪些接口类型的路由器完全取决于它们的应用场景。下面是最常用的接口类型。

(1) 以太网接口：包括电接口 (RJ-45 居多) 和光接口 (单模或多模光纤接口)。光接口的接头类型很多，外观都有一定差异，比如 SFP(吉比特接口)、SFP+(10 吉比特接口) 等。越来越多高速率的接口也逐渐被使用，比如 40GE、100GE 甚至更高速率的接口等。

(2) E1/E3 接口、T1/T3 接口、DS3 接口、BNC 接口、RJ-48 接口：在逻辑上还分信道化、非信道化。信道化是指可以将一个 E1/E3、T1/T3、DS3 接口拆分成多个逻辑端口，每个逻辑端口可以有自己独立的 IP 地址、封装格式等。

(3) 通用串行接口：可以转换成 X.21 DTE/DCE、V.35 DTE/DCE、RS232 DTE/DCE、RS449 DTE/DCE、EIA530 DTE 等接口。

(4) POS 接口：155 M、622 M、2.5 G、10 G 等。

(5) 电话接口：最常用的是 RJ-11 接口，也就是普通电话机上的那种接口。

(6) ATM 接口：2 M、8 M/IMA(反向复用，多条低速线路捆绑为一条虚拟的高速线路 155 M、622 M 等)。

路由器有自己的记忆，其中最关键的记忆是它的路由表。

每台路由器可以静态存储一些路由表，这些静态存储的路由表叫作"静态路由"；也可以按照一定规则动态更新它的记忆，也就是通过某些机制不断获取并更新自己的路由表 (这叫动态路由，后面会介绍 RIP、OSPF、IS-IS、EIGRP、BGP 等)。

有了这张路由表，从某个端口进来的 IP 包才能在其指导下正确选路。所有的路由协议都是为获取这张可能不断变化着的路由表服务的。

3. 路由器的分类

路由器因所管辖范围的不同，体积、容量、端口类型和密度、转发性能也有很大的差异。按照一般分类方法，可以将路由器分为核心路由器（也可称作"骨干层路由器"）、汇聚路由器（又称作"分发层路由器"）和接入路由器（又称作"访问层路由器"）。有的分类方法舍去了"汇聚路由器"，而有的分类方法将核心路由器归为接入路由器类。

按照通用的以背板交换能力来区别，电信运营商省级核心路由器的交换容量通常大于 100 Gb/s（这些参数随着带宽需求量的增加在不断升级、放大）。也就是说，每秒能处理100 Gb 以上数据的路由器一般被用作核心路由器；每秒能处理 2.5 ～ 100 Gb 数据的路由器被用作汇聚路由器；每秒能处理低于 2.5 Gb 数据的路由器被用作接入路由器。

(1) 核心路由器。核心路由器部署在网络的核心位置，其接口类型不多，但接口的速率都很高，很少有 2 Mb/s 以下的。在线应用的核心路由器所存储的路由表一般也非常庞大。由于处于网络核心，这类路由器对安全性、稳定性要求最高，因此，一般要采用控制部件热备份、双电源热备份、双数据通路等技术来保障硬件的可靠性。常见的核心路由器有思科的 CSR 系列、Juniper 的 T1600 系列、华为的 NE5000E 系列等。

(2) 汇聚路由器。汇聚路由器部署在核心层和接入层之间，而实际上汇聚层也经常采用三层交换机。汇聚路由器的接口类型丰富，容量中等。这类路由器起到承上启下的作用。对下，将用户侧的数据流量收集起来，能在本地进行路由的就尽快路由，不能在本地进行路由的就向上，即将收集起来的流量送到核心路由器上去。典型的汇聚路由器有思科的 ASR9000 系列、Juniper 的 M120 系列、华为的 NE40 系列等。

(3) 接入路由器。接入路由器距离用户最近，是用户网络和骨干 IP 网之间的桥梁，且容量较小，接口数量不多，因此每台路由器的接口种类也不多，但是不同的路由器接口类型差异很大。一般情况下，这类路由器的路由表项都很少，很多小企业或者家庭用的路由器的路由表只有几条甚至只有一条，且都是人工输入的。比如，家庭路由器就只有一个"网关"选项，所有从终端接收到的 IP 包，只要访问非相同网段的目标，都无条件地从这个网关地址转发出去。这种人工输入的路由表叫作"静态路由"。典型的接入路由器有思科的 26 系列、Juniper 的 E 系列、华为的 AR 系列等。

4.2.4　路由协议

如果路由器没有路由表，那么它无法转发数据包，IP 数据包就会像无头苍蝇，不知道该到哪里去。那么路由协议是如何生成路由表的呢？方法不外乎人工设置或者自动获取，即静态路由协议和动态路由协议。但是 IP 网的地址规划和电话网的不同，任何一个 IP 地址存在于哪个地理区位，都有很大的不确定因素——IP 地址的分配并不像电话号码的分配那样，每个国家、每个地区都有自己独有的前缀（国家代码和区号）。

因此，IP 专家设计的路由表获取方式是一种混合方式，即通过人工设定一部分，通过路由协议获取一部分，由这两部分合成完整的路由表。注意：路由协议是为了满足路由器获取路由表的需要而制定的标准化协议。通过一系列路由协议，让 IP 网的所有路由器快速、准确地获取全网路由信息，从而指引 IP 数据包的方向。也就是说，路由协议只负责获取路由表，而 IP 数据包进入路由器后向何处去，如何去，则是由路由器的路由查询和数据转发功能负责。

路由获取方式有静态路由和动态路由两种。

(1) 静态路由：人工指定路由。静态路由中，一类是由于明确知道某个 IP 地址段的精确方向，而由人工设定该路由表项；另一类则称为"缺省路由"，就是向路由表中没有明确标识方向的所有数据包提供一个统一的、默认的出口。缺省路由非常重要，可以简化路由表，但使用不当可能导致路由循环。

(2) 动态路由：采用动态路由协议获取路由信息。常用的动态路由协议有路由信息协议 (RIP)、开放式最短路径优先协议 (OSPF)、中间系统–中间系统协议 (IS-IS)、边界网关协议 (BGP) 等。如果没有一系列的动态路由协议，那么 IP 网上的用户接入方式就不会如此方便灵活，IP 网的维护管理工作也要比现在复杂得多。

静态路由协议如同交叉路口上的交通指示牌，是人工一条一条写好后放上去的。这种方式比较直接，但如果路由信息有变化，就要人工更改，而且网络规模会变大，路由数目也会增加；假如还在每台路由器上一条一条地书写，估计要写到天荒地老，但是动态路由协议就解决了这个问题。在城市交通中，司机在开车时不仅要会看交通指示牌或地图，更重要的是要注意观看路上的动态电子液晶指示牌或者认真收听交通广播台的实时路况信息。这些实时路况信息会告诉我们比那些静态的交通指示牌或地图更及时、更准确的信息，比如哪里开始交通管制了，哪里有故障车了，哪条高速又封路了，如图 4-11 所示。这些信息对司机来说非常重要，因此必须及时传递到位。而且这些信息往往通过某种方式 (摄像实时监控、信息员报告、交通局公告或者电子地图的实时提醒等) 获取并通过动态电子液晶指示牌、交通广播或电子地图 (如高德地图) 来显示。

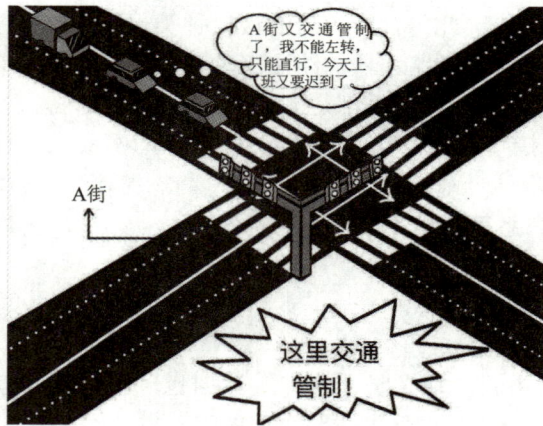

图 4-11 实时路况信息的案例

IP 网也和城市交通网一样，经常会有网络中继链路的中断或增减、路由节点的增减、链路带宽的扩容、新用户的接入等网络变化，这时，动态路由协议能够在一定范围内很快通知所有运行相同路由协议的相关路由器进行路由表的更新。不同的路由协议对"一定范围"有不同的定义：OSPF 中的同一个地区 (Area) 就是一个范围，IS-IS 中的同一个层次 (Level) 就是一个范围。(注意：是一定范围内的所有路由器，并非整个网络上的所有路由器，否则任何一个微小的网络变化都会造成全球的互联网路由器发生路由更新，那将是灾难性的！)

网络的任何调整都要保证整个 IP 网最大限度地不受影响。因为网络变化，每天、每小时、每分钟可能都在发生。你在堵车时经常会替交管部门考虑如何管理城市交通的"大事"，不妨拿 IP 网进行比较。这两者确实有些相似的地方。但不同的是，IP 网中负责选路和转发的都是路由器；而城市交通中负责选路的是司机，负责转发的是交叉路口。后面将介绍几个主流的路由协议，以了解各种动态路由协议是如何高效率工作的。

条条道路通罗马，网络上任何两台终端之间的路径也可能不止一条，那么用什么方法来选择"最佳路径"呢？对于道路来说，最宽阔、最平坦、最短、最不拥挤、管理最完善、不收或者少收过路费的道路是最佳路径。而在路由协议中，也有对路径的评价指标，路由跳数、路由成本等都是寻找最佳路由的计量依据。

不同的路由协议对"路由成本"定义不完全相同，它们都会定义自认为合理的"成本"。OSPF、IS-IS 协议的成本算法无须记忆，只要了解每种路由协议都有一套规则，就可以衡量任何两个节点间链路的可通过程度。

几种常用的动态路由协议可以分为内部路由协议和外部路由协议，RIP/RIP2、OSPF 和 IS-IS 都属于内部路由协议，BGP 是唯一的外部路由协议。

TIPS：想要了解更多关于路由器技术及设备的内容，请扫描下面二维码。

思政课堂

"IPv6+"的时代都来了，你还不知道什么是 IPv6 吗？

当我们网上冲浪时，输入网址打开一个网页，这个网页会被转换成一段数字，而这段数字就是根据 IP 协议产生的 IP 地址。互联网就像一套"快递系统"，IP 地址就是我们的快递地址，而 IP 协议则是快递公司的"工作流程和制度"。

目前，我们使用的网络协议主要是 IPv4 和 IPv6。IPv4 地址长度为 32 bit，因此其能提供的地址最多有 2^{32}（约 43 亿）个。互联网发展了这么多年，IPv4 地址一直被分配使用。2019 年 11 月 25 日，负责英国、欧洲、中东和部分中亚地区互联网资源分配的欧洲网络协调中心宣布，全球所有 43 亿个 IPv4 地址已全部分配完毕。

随着 5G、云和物联网的蓬勃发展，人与人的通信将进一步延伸到物与物、人与物的连接，网络需要支持更多的节点和连接数量，而 IPv6 拥有巨大的地址空间，解决了 IP 地址短缺的问题。IPv6 地址长度为 128 bit，可以提供 2^{128} 个地址，与 IPv4 地址总量（43 亿个）进行对比，IPv6 地址总量等于 43 亿 × 43 亿 × 43 亿 × 43 亿个。另外，IPv6 比 IPv4 更简单、更方便、更安全、更可扩展，可以高效支撑移动互联网、物联网、云计算、大数据和人工智能等领域的快速发展。自 2017 年起，工业和信息化部连续组织开展 IPv6 规模部署专项行动，国内电信运营商 IPv6 规模部署成效显著。IPv6 作为下一代互联网的关键核心技术，为数字中国建设、新一代信息技术创新和产业升级提供基础性、战略性支撑，对加快教育强国、科技强国和网络强国建设，推进社会数字化转型具有重要的现实意义。

截至 2023 年 3 月底，我国 IPv6 的活跃用户达到了 7.59 亿户，占互联网网民总数的 71%，网络中 IPv6 的流量超过了 IPv4 的流量，由此标志着我国推进 IPv6 规模部署及应用工作正式迎来新的里程碑。目前，我国 IPv6 的发展还处于不进则退、半进不退的境地，全球 IPv6 支持能力水平正保持稳步增长的态势，我国急需抓住发展机遇，加快抢占 IPv6+ 创新发展的高地。IPv6+ 是 IPv6 的升级加强版。具体来说，IPv6+ 基于 IPv6，实现了更多创新。这些创新既包括以 IPv6 分段路由、网络切片、随流检测、新型组播和应用感知网络等为代表的协议创新，又包括以网络分析、自动调优、网络自愈等网络智能化为代表的技术创新。凭借这些创新，IPv6+ 更适合行业用户，更能够有力支撑行业的数字化转型和发展，更有利于构筑下一代互联网发展新优势，实现从网络大国向网络强国的迈进。

思考：查阅相关资料，整理 IPv6 较 IPv4 的优势，了解我国 IPv6 规模部署现状，如何提升对 IPv6 规模部署的认识？

4.3　广播电视业务和互联网

故事开始于古罗马时代，最原始的广播起源于公元前 60 年，古罗马政治家凯撒把罗马市及国内发生的事件写在木板上，最早的报纸也由此产生。1920 年，美国正式开办第一个商业无线广播电台，代号为 KDKA；1926 年，我国第一个官方电台 —— 哈尔滨广播电台也随之诞生。随着时代的发展，我国的广播电视业务取得了长足进步。

1925 年，英国发明家贝尔德成功发明了电视机。随着技术的改进，到了 1960 年，美国的电视普及率已达到 1000 万之多，而我国直到 80 年代，电视机才走入千家万户，前后差距近二十年之久。从 3000 年前的文字、公元前 60 年的第一份报纸，到 1920 年的电台、1925 年的电视，再到更高科技的电脑、互联网和 VR 技术等，未来的通信将发展到何种地步，让我们拭目以待。

4.3.1　模拟电视与数字电视

20 世纪七八十年代，我们当时看到的电视节目是使用模拟信号传送声音、图像的，被称为模拟电视。它是一种单向的、广播式的多媒体通信终端，因为本身的技术特点，一旦传送的信号受到干扰，电视机屏幕就会出现"满屏的雪花"。

而现在的广播电视网络已经发生了变化，模拟电视已经成为过去式，取而代之的是数字电视。数字电视从节目的采集、录制、播出、传输到接收，全部采用数字编码技术，这一点与电信网中的模拟和数字信号的差别是一样的。有了数字电视以后，观众不仅能看到 DVD 般清晰的图像（现在又有了 4K 电视），享受到家庭影院般的音响效果，而且电视频道从几十套增加到几百套，并听上数字广播，还能自行选择多样化、专业化、个性化的多媒体服务。一旦信号受到干扰或者发生丢包，电视机的屏幕则会出现大家极为熟悉的"马赛克"。所以，"雪花"和"马赛克"就成为区分模拟电视和数字电视的重要标志之一。

数字电视可开设独立的、专业的、全天的频道，像电影、汽车、房产、MV、体育等专业频道，并且可以不插播广告。需要注意的是，数字电视机的魅力并不在于看电视，而在于这种基于数字电视平台的业务应用，这些应用将会改变人们日常生活习惯。利用双向改造后的 HFC 网络和数字机顶盒技术，可以引入大量的交互式应用，如电子节目指南、按次付费观看、视频点播 (VOD)、数据广播、互联网接入、网络游戏、IP 电话、可视电话、股票操作等，还可以利用机顶盒建立家庭网络，将 PC、打印机、传真机、DVD、监控系统等数字设备连接起来。这些应用一旦发展起来，将会给广电运营商带来难以估算的增值收入！而所有这些应用，都必须让数字电视网络和 IP 网融合才能实现，因此，IPTV 系统应运而生。

4.3.2　互联网电视 (IPTV)

以前，看电视都是被动的，电视台放什么节目，人们就收看什么节目。现在，有了 IPTV，只需要一个小巧精美的机顶盒和一根网线，就能顺利地把普通的电视机打造成为家庭娱乐信息的多功能平台，变被动为主动，成为真正的电视主人。

随心所欲地点播，不受拘束地时移，任意次数地回放，这些功能让沉迷肥皂剧的家庭主妇们不再纠结于家务和琐事的烦扰，白天工作的球迷们不会再因熬夜看球而耽误第二天的工作……

IPTV 打破传统电视垄断，传统广播电视节目主要通过有线网、卫星电视、无线电视三种途径进行传输，数据传输采用单向广播方式，用户只能在家里通过电视机收看直播电视节目。后来，随着互联网的发展，视频网站积累了大量内容，逐渐成为人们获取信息、娱乐身心的重要渠道。随着互联网网速的不断提升，以及手机、平板电脑 (PAD) 的性能不断提高，人们通过互联网欣赏视频越来越便利，随便一个手机、一个平板电脑都能连接电视看视频了；各种视频网站通过买断电视台的资源，可以播放几乎同电视一样的节目，甚至推出了直播业务。从这时候起，大量的电视用户从广电网转向互联网。

2005 年，随着中国第一张 IPTV 牌照的正式颁发，IPTV 业务在中国正式破冰。 IPTV 是指基于 IP 的电视广播服务。该业务将电视机或个人计算机作为显示终端，通过宽带网络向用户提供数字广播电视、视频服务、信息服务、互动社区、互动休闲娱乐、电子商务等宽带业务。

IPTV 吸引人的地方是它具有传统电视不具备的互动性，从而获取提供互联网增值服务的宝贵机会。只要信息是双向的，观众就不是被动的、单向的，那么可视电视、网络游戏、远程教育就能通过电视成为现实。电视对绝大部分家庭来讲都是屏幕最大的电子产品，用户视觉、听觉的体验比手机、计算机和 PAD 强很多，且价格低廉。因此，双向的 IPTV 很容易提供一个综合信息共享的大屏业务平台。IPTV 从而成为互联网、多媒体和通信等多种技术相结合的产物。IPTV 的内容主要来源于广播电视部门和互联网内容提供商 (ICP)。

在 IP 地址上传送电视信号，不仅仅是技术问题，还是一个政策问题、一个商业模型问题。

IPTV 业务涉及内容提供商 (如广播电视台、电影制片厂、唱片公司等)、服务提供商 (业务平台的运营者)、网络运营商和中间提供商等的利益分配问题。也正是这个问题，让 IPTV 的发展不可避免地遇到技术之外的制约。按照我国的法律规定，除非经过严格授权，其他运营商的 IPTV 系统是不能直播中央电视台 3、5、6、8 频道的。

从技术原理上，IPTV 必须采用高效的视频压缩技术，并且是双向交互式的，它在打破广电运营商传送电视节目的垄断性方面有一定贡献。中国的主流运营商都推出了自己的 IPTV 盒子，接上宽带，就能观看直播、录播和点播的电视节目。

4.3.3 混合光纤同轴电缆 (HFC) 网

在 21 世纪初，互联网时代大幕开启，当时的电话通信网利用 ISDN 和 ADSL 技术，让模拟电话线也开始承载数据业务。而有线电视网络的网络基础并不比电话通信网的逊色。20 世纪 80 年代，电视机已经是家庭必不可少的家电之一，电话机则是在 20 世纪 90 年代才步入中国人的生活，这就是当时广电网覆盖更广泛的原因。我国有线电视普及率非常高，同时拥有世界上最庞大的有线电视网络。有线电视网的最后"一千米"带宽很宽，在 20 世纪末，覆盖率曾经高于电话通信网，这引起了通信专家的关注。

电信网形成时，只是为了一个业务 —— 打电话，而打电话只要求 64 kb/s 的带宽，所以整个网络的设计也就受到局限。即便如此，在互联网时代到来的早期，仍然可以利用模拟电话线来上网。专门为传送多媒体业务设计的有线电视网，使用同轴电缆这种介质，其带宽传送能力比普通的模拟电话线的要高得多。但是广播电视网有个致命的缺陷，就是其网络结构为单向广播式的树形分支型结构，而 IPTV 是一种交互式的系统，其网络结构除了支持传统的广播业务，还必须支持双向、点播方式。

因此，原有的网络结构必须进行双向改造。通常，习惯将未经过双向改造的广播电视网络称为 CATV，而经过双向改造后的广播电视网称为 HFC。改造后的 HFC 的网络频谱分配如图 4-12 所示。

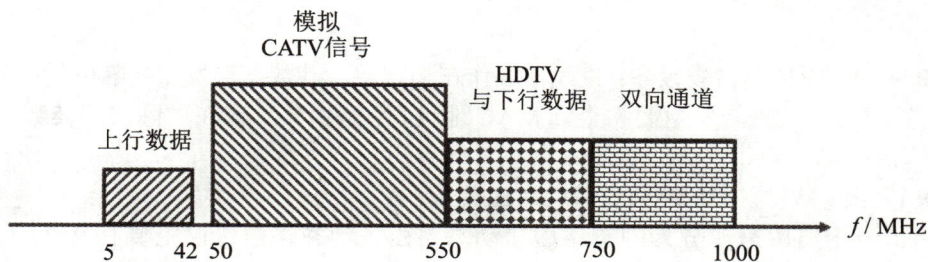

图 4-12　改造后的 HFC 的网络频谱分配

CATV 的双向改造从前端开始，用光纤替代同轴电缆，网络结构也由树形分支型改造为星形，连接到用户附近的光纤节点，如图 4-13 所示，这一段光纤通道可采用 WDM 方式。从光纤节点到用户这段保留之前的同轴电缆通道，一般采用 FDM 频分复用。

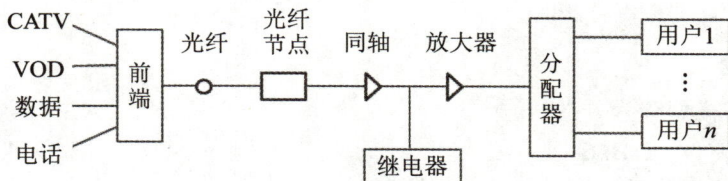

图 4-13　HFC 网络结构

有线电视分配接入网双向化改造后，用户端需要增设电缆调制解调器 (CM，Cable Modem) 来进行传输，它是安装在 Cable(同轴电缆) 末端的一个小盒子。这个小盒子利用原有同轴电缆，不需要重新铺线，改造工程量小，容易安装，可以进行远程管理，其技术标准和产品比较成熟。Cable Modem 技术可实现长距离传输，适合在居住比较分散的郊区推广。

有线电视网络双向化改造中，应用较为广泛的是局域网 (LAN) 技术。无源光网络 (PON) 技术快速发展，利用有线电视网的光纤实现 PON+LAN 成为一种不错的方案。但是 LAN 需要重新铺设线路，其应用受到很大的限制，在大多数应用条件下，PON+LAN 方案还需要解决入户线路问题，且目前没有统一的技术标准，这给有线电视网络运营商选择双向改造的技术方案带来极大困难。

除此之外，还有一种源自欧洲的有线电视电缆承载 IP 网络的技术，即 EoC(Ethernet over Cable)。EoC 是基于同轴电缆网，使用以太网协议的接入技术。EoC 技术可以充分利用有线电视网络已有的入户同轴电缆资源，解决最后 100 m 的接入问题。根据介质转换技术的不同，EoC 技术又分为有源 EoC 技术和无源 EoC 技术。

"光进铜退"是网络发展的必然趋势，随着用户对带宽的需求不断增加，有线电视网中的大量宝贵传输资源将逐渐被深度挖掘出来。

知识要点归纳

1. IP 网的三个数据转发设备：集线器工作在物理层，其数据转发主要靠广播；交换机工作在传输层，其数据转发主要靠查询 MAC 地址表；路由器工作在网际层，其数据转发主要靠查询路由表。

2. OSI 七层协议与 TCP/IP 协议簇的对应关系。

3. 路由表中路由来源分为静态路由和动态路由。动态路由协议主要有 RIP、OSPF、IS-IS、BGP 等。

4. 数字电视需要对广播电视网进行改造，改造前的广播电视网叫作 CATV，改造后的广播电视网叫作 HFC。

课后练习

一、单选题

1. OSI 参考模型分为（　　）层。

A. 5　　　　　　　B. 6　　　　　　　C. 7　　　　　　　D. 4

2. Internet 网络体系结构以（　　）为核心。

A. TCP/IP　　　　B. TCP　　　　　　C. UDP　　　　　　D. OSI

3. TCP 协议属于（　　）的协议。

A. 网际层　　　　B. 传输层　　　　　C. 物理层　　　　　D. 网络接口层

4. 路由器根据（　　）转发数据。

A. 端口号　　　　B. MAC 地址　　　　C. 路由表　　　　　D. 物理地址

5. 189.100.12.25 属于（　　）地址。

A. A 类　　　　　B. B 类　　　　　　C. C 类　　　　　　D. 组播

6. HFC 的频谱分配中，模拟电视信号占用的频带范围是（　　）。

A. 5 ～ 42 MHz　　B. 50 ～ 550 MHz　　C. 550 ～ 750 MHz　　D. 以上都不是

二、多选题

1. OSI 模型把网络通信的工作分为七层，分别是物理层、数据链路层、（　　　）、会话层、表示层和应用层。

A. 网络层　　　　B. 网络接口层　　　C. 传输层　　　　　D. 介质层

2. 网络互联设备主要有（　　　）。

A. 集线器　　　　B. 交换机　　　　　C. 路由器　　　　　D. 计算机

3. 下列协议中，属于路由器常见的路由协议的是 (　　　)。

A. OSPF　　　　B. BGP　　　　　　C. ARP　　　　　　　D. IS-IS

4. 属于应用层的协议有 (　　　)。

A. HTTP　　　　B. ARP　　　　　　C. UDP　　　　　　　D. DNS

三、判断题

1. TCP/IP 协议各层次之间，下一层对上一层提出服务要求，上一层完成下一层提出的要求。　　　　　　　　　　　　　　　　　　　　　　　　　　　　(　　)

2. 路由器根据内部的端口 - 地址表转发数据。　　　　　　　　　　(　　)

3. 172.16.1.101 属于 C 类私有地址。　　　　　　　　　　　　　　(　　)

4. TCP/IP 协议的网络接口层对应 OSI 参考模型的网络层。　　　　(　　)

5. TCP 协议相对于 UDP 协议，传输效率更高。　　　　　　　　　(　　)

6. HFC 经过双向改造后，传输介质均采用光纤。　　　　　　　　　(　　)

7. 路由器属于网络接口层的设备。　　　　　　　　　　　　　　　(　　)

四、简答题

选择你最熟悉的互联网应用，分析数据经过 TCP/IP 协议封装的流程。

五、实验解析

1. 通过对计算机数据实验室的设备认知，在宿舍搭建一个局域网，画出详细的示意图，要求具体到所用的设备型号以及接口类型标示、所用介质。

2. 如果要与其他的宿舍网络联网，又该如何搭建？画出详细的示意图，要求具体到所用的设备型号以及接口类型标示、所用介质。

第 5 章
业务大融合到统一通信

知识目标

1. 了解综合业务网的发展历程。
2. 掌握各种业务的通信流程。
3. 了解PON技术的分类。

能力目标

1. 能够简单分析各种业务在网络中传送流程。
2. 能够分析各种PON技术的优劣。

素质目标

1. 培养独立思考和分析事情的能力。
2. 正确理解通信人的自我价值。

在 20 世纪中后期，语音通信、多媒体广播、数据通信三大业务分属于不同的通信网络，基本处于"井水不犯河水"，三种业务需要不同的线缆接进家里。今天，这三种业务都是一根藤上的三个瓜，彼此"同志加兄弟"亲如一家。

最早引入家庭的通信业务是广播电视和电话。随着互联网的发展，计算机也开始走进家庭，数据通信网络的核心 IP 技术从开始的"崭露头角"到如今成为"一枝独秀"，其发展之迅猛，技术更新之快，推动了通信行业蓬勃发展。

5.1　从 ISDN 到三网融合

5.1.1　ISDN 业务的发展：从窄带拨号到"一线通"

20 世纪末，计算机开始步入家庭，个人上网需求激增，如果采用专线，则费用高昂，且接入这一部分需要重新布网，投资太大。因此，窄带 MODEM(调制解调器，俗称"猫")拨号上网业务出现了，如图 5-1 所示。电话线先接入"猫"，它有两个接口，一个接电话，另一个通过网线接入电脑。这种最早的拨号上网的模式有两个大的弊端：一是打电话和上网业务不能同时进行；二是上网速率慢，最高速率只能达到 56 kb/s。

图 5-1　窄带 MODEM 拨号上网

最早的业务融合是语音和数据，因此，一种 ISDN(综合业务数字网) 技术出现了。

ISDN 技术分为两种，即窄带 ISDN 技术和宽带 ISDN 技术。窄带 ISDN 技术俗称"一线通"，这种业务对于普通家庭用户而言，其最高速率为 128 b/s，但需要将模拟电话线更换为数字用户线，成本太高，且速率提升不大，并没有在国内广泛推广。

宽带 ISDN 技术的核心技术是 ATM(异步传输模式)，广泛应用在 ADSL(非对称用户环路) 接入方式中。ADSL 拨号上网如图 5-2 所示。宽带 ISDN 和窄带 ISDN 技术相比，无须更换用户线就可以同时上网和打电话。第一代 ADSL 的上网速率最高可到 8 Mb/s。

图 5-2　ADSL 拨号上网

　　ADSL 接入技术不需要重新布网，投入成本低，但不能真正实现三种业务的融合。作为一种过渡的接入手段，ADSL 接入技术现已逐步被新的光纤接入技术所取代。

分析和思考

　　图 5-1 和图 5-2 所示的两种接入技术差不多，为什么前一种打电话和上网不能同时进行，而后一种却可以？

　　ADSL 技术需要在用户家里安装一台语音分离器和 ADSL 的 MODEM，数据和语音可分别以高、低两种不同频率同时在电话线上通过，分离器的作用是将语音和数据业务的不同频段完全分开。如图 5-3 所示，男生、女生虽在一个游泳池中游泳，但进入游泳池前后，都要分别在不同的更衣室更衣。语音分离器就像一种特殊的筛选器，筛选的不是男生和女生，而是把数据和语音隔离到各自的线路中去。

图 5-3　ADSL 语音分离器的频率分离原理

　　窄带拨号上网时，语音和数据用的同一频段在电话线上传送，无法用语音分离器分离，因此两种业务不能同时传送。

5.1.2　艰难前行的三网融合

　　三网融合 (Triple Play) 就是在同一个网上实现语音、数据和图像的传输。对用户而言，是指只用一条线路就可以实现打电话、看电视、上网等多种功能。

　　三网融合是电信网、互联网和广播电视网三大网络的物理合一，如图 5-4 所示。在很多国家和地区，这些网络业务经营分属于不同的企业或部门，且各自发展的历史背景、经济实力以及网络体制有很大的不同，其业务融合的过程往往需要一个较为漫长的周期。

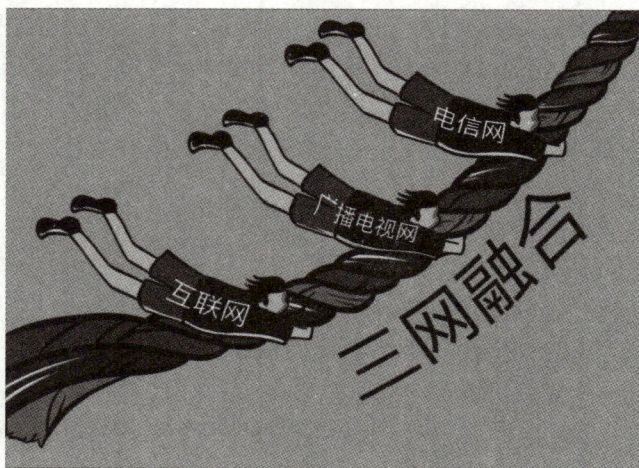

图 5-4　三网融合：电信网、广播电视网、互联网

1. 戏说"三网演义"

电信（电话）网、广播电视网和互联网，三网合一是大势所趋，但是如何合并？合并

后谁主导？因此夺取话语权是三网纷争的由来。三网发展历程不尽相同，各有各的优势，为了掌握主动权，势必要努力证明自己能兼收并蓄，博采众长。

下面通过一段戏说"三网演义"（如图5-5所示）来了解三网融合的特殊背景。

图 5-5 戏说"三网演义"

计算机这个怪物法力无边，硬是将井水不犯河水的电话网、广播电视网成功地架到了计算机局域网上，进而向广域网领域发兵，想搞 IP 电话、电视点播的。

此举搅乱了平静的世界，电话网岂能坐以待毙，于是奋起自卫。电话网心想："互联网神气什么，没了我的传送网，你的广域网就是一个空架子。你的广域网还不是要靠我的传送线路吗？你的小命就掌握在我手里，只要我轻轻一捏这根生命线，嘿，你就玩完了。噢，不，这岂不是阴损了点吗？但这绝对是核威慑，咱轻易不动真格的。最好的自卫莫过于进攻，与其让你拿我的传送线路建立互联网来打我，还不如我利用传送网的优势先占有计算机广域网这个山头，这样一来，山上威猛的野兽不都要乖乖地听我的吗？不然的话，给他们弄一场地震或山火等还不是小菜一碟？如此看来，既然我是老大，就应该负点儿责任，我不能容忍那么多乌合之众像没头的苍蝇一样在网上乱撞。看，出事儿了不是？当然，请谅解，既然我来管理，你们交点管理费还是应该的嘛，啊（升调）？！"

互联网赔了夫人又折兵，但不甘心，拼老命也不能让电话网给垄断了，心想："你那 ATM 不灵，把声音、图像和数据业务压缩到一起传送，不得不层层加码，三种业务原本不同，硬绑在一起难免硌得慌，在中间和稀泥也常常顾此失彼，这些都被加到有限带宽的传送网上，岂能不捉襟见肘？看吧，ATM 标准搞这么多年了，还没个完，而且越来越复杂，效率越来越低，导致那些迫不及待的商家制造的 ATM 交换机既复杂又昂贵。怎么样，我岂能英雄无用武之地？"

于是，当听说广播电视网和电话网不睦，甚至发生流血事件时，互联网遂转向广播电视网提出联姻，对方开始时态度还有点儿模糊，但最终因没有其他选择只能同意联袂登台亮相。其实广播电视网有自己的小算盘："即便是组成新的家庭，我也要工作，有自己的独立经济收入。"互联网也坦言："我不敢指望天长地久，但求一朝拥有，你暂时为我营造一个温暖的家。"于是，一个临时协议达成。

哪知开始就不顺利，互联网嫌在广播电视网上干什么都磕磕碰碰的，见异思迁就在所难免。"在电力网上干吧，但数据信号绕过变压器就如同跨越千山万水，还没到目的地就没气儿了；用天上的卫星和地面的无线网倒是顺畅，可就是卫星时延太大，无线网太短、太窄，开展 IP 电话服务吃不消……唉，再没有选择了，先跟广播电视网凑合着过吧。"

广播电视网可不悲观，"论资历，你互联网还在嗷嗷待哺、牙牙学语的时候，我已纵横江湖数十载。论实力，我的同轴电缆的直径比你电话网中电话线的直径可大太多了！我那么大的带宽，干什么不行？我随便分出一点带宽就把电话网、互联网都给收了。当然了，我也承认广播电视网的双向改造确实有点令人头痛，即使改造成功了，一旦商业运营，我的 Cable Modem(电缆调制解调器) 也可能引起网络拥塞，但这总有办法解决的。"

事实上，互联网面临一种危险，那就是有点儿像印第安人一样，被欧洲人征服以后被称为少数民族，与过去的铁骨铮铮相比，现在只能算是苟且偷生。更可怕的是，随着时间的推移，征服者将其创造的文明窃为己有，想让其子孙后代回天无术，无颜见列祖列宗。是可忍孰不可忍，互联网在逆境中求生存，要证明自己是好样的，被对手干掉以后再被对手称为英勇的战士，这种事他是绝不干的。"你瞧，我的千兆比特 (Gbit) 级线速路由交换机不是投入使用了吗，一眨眼，太比特 (Tbit) 级的路由交换机也就要来了，我的交换机以后就直接架在光纤上，如果你们再敢让我交过多的路费，我可就自己铺路了。"毕竟是夫妻，广播电视网说："用我的光纤，咱们一块干！"

情急之下，电话网出了新招："IP 的服务质量 (QoS) 正在妥善解决之中，在你们可以忍受的期限内就能得到它，现在只等传送网带宽的增加。我将提供电信级的 IP 服务，你们行吗？"一语点中了痛处，两口子现在可真有点傻眼了。

正在争执不下之际，和事佬——传送网设备制造商来了，拱手作揖地说："女士们、先生们，都怪我，都怪我，鄙人来迟一步，给你们添了不少麻烦，实在过意不去，万分抱歉，恕罪～恕罪。现在我献上一宝——密集波分复用器 (DWDM)，它可以把你们现在争着趟的这条小溪变成汪洋大海，这样，你们不仅不用再争了，还可以把小舢板换成远洋货轮，想运什么就运什么，想运到哪里就运到哪里。"众人见状大喜。

以上虽然是戏文，但是却把三种业务开始融合之时出现的状况描绘得很清楚。

分析和思考

根据上述故事，请同学们对比分析：

1. 互联网、电信网、广播电视网各自的优势和劣势是什么？填入表5-1中？

2. 三网如何真正做到融合？请说出自己的看法。

表 5-1　互联网、电信网、广播电视网的优势和劣势

网络	优势	劣势
互联网		
电信网		
广播电视网		

在三网融合的推广过程中，大部分国家几乎都走过了从多方激烈混战到最后的携手共建的历程。三网融合发展的历史进程如图 5-6 所示。

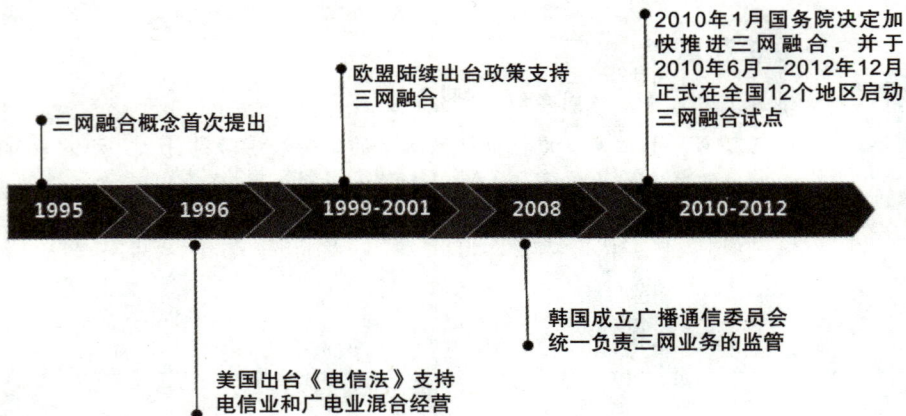

图 5-6　三网融合发展的历史进程

2. 美国新法打开融合之闸门

对于三网融合，美国政府经历了从禁止到支持的态度转变。20 世纪 70 年代，为了保护新兴的有线电视业，美国联邦通信委员会禁止当时在美国处于垄断地位的电信公司混业经营有线电视业务。这种状况一直持续到 20 世纪 90 年代初，此时美国的有线电视业已经

颇具规模，足以与电信公司抗衡。为了促进视频节目多样化，美国国会正式颁布《1996年电信法》，为美国三网融合扫清了法律障碍。

《1996 年电信法》规定，有线电视运营商及其附属机构从事电信服务，不必申请获取特许权；特许权管理机构不得禁止或限制有线电视运营商及其附属机构提供电信服务，也不得对其服务施加任何条件；电信企业可以通过无线通信方式、有线电视系统以及开放的视频系统提供广播电视服务。

这一法律彻底打破了美国信息产业混业经营的限制，增强了基础电信领域内的竞争，允许长话、市话、广播、有线电视、影视服务等业务互相渗透，也允许各类电信运营者互相参股，创造自由竞争的法律环境。由此，整个电信市场获得了前所未有的竞争性准入许可。

有线电视公司通过混合光纤同轴电缆网传送信号的优势，纷纷进入电话和网络市场；电话公司则通过设施升级和兼并等方式开始拓展网络与电视服务。原先分属不同领域的企业所提供的服务差异越来越小，"语音＋视频＋数据"一体化的模式日趋普遍，并正朝着"语音＋视频＋数据＋无线"的方向发展。

在美国，电视、电话及宽带网络三网融合被称为"捆绑服务"。电信企业和有线电视运营商在三网融合的技术和基础设施方面各有特色，但又均存在不足。为了增强实力，一些公司在融合初期组成"临时夫妻"，共同度过困难期。

以 Verizon 通信公司为例，该公司在电话及宽带网络方面占有优势，但传输电视信号技术方面则不如有线电视。而有线电视虽然在电视信号传输方面有优势，但通过同一根电缆线提供的电话通话质量尚有待提高。

Verizon 通信公司发言人威廉·库拉在接受新华社记者采访时说，2005 年前，该公司所提供的电视服务主要由 DIRECT TV 卫星电视公司提供，他们只是将其服务捆绑在一起，以方便用户，并未使用单一的网络。2005 年后，Verizon 通信公司铺设了自己的光纤电缆，实现一缆三用，开始提供自己的电视服务。

随着技术的不断改进及依靠光纤电缆的优势，现在 Verizon 通信公司可以提供高速上网、高清电视及优质电话服务，为社交网络、视频会议、电子医学服务及保安监视系统等提供方便，同时提供的高清电视频道达 90 个。据美国《消费者报道》杂志的一项最新调查显示，Verizon 通信公司提供的服务在三网融合用户满意度方面在全美排名第二。

三网融合给用户带来最大的益处是，看电视、上网、打电话三项服务一次搞定，用户不需向三家不同的公司申请。据统计，三网融合的"捆绑服务"费用每月要比单独申请服务的费用便宜 20 美元至 30 美元。

3. 英国新机构管控实现网络融合

英国电信作为英国最大的网络运营商，现在不仅同时提供互联网、电话等通信服务，也开办了自己的网络电视频道。著名的英国广播公司 (BBC) 也进军网络，一年前推出在线电视服务，凭借内容优势吸引了大批网络用户。

史蒂夫·马斯特斯是英国电信公司全球联合通信业务的负责人，认识到电信网、互联网和广播电视网等网络的融合是产业发展的必然趋势，他认为，网络融合可以分为三个阶段，首先是统一产业标准，其次是基础设施的融合，然后是延伸拓展阶段，即各种通信服务的融合。

对英国来说，网络融合遇到的一个问题就是如何改造老的电话网，当时的网络是二三十年前建造的，大量使用铜线，还应用了许多技术标准不同的设备。到了 2000 年后，这些网络才逐渐统一到一个主干网上。

随着技术进步，音频、视频、电子邮件和即时消息等都被集成，变成电脑或手机上的一项功能。马斯特斯说："这是真正的延伸拓展阶段，我们在人与人的交流（通信方式）方面取得了真正的融合，我们的工作变得更有效率，并能更大限度地分享信息。"

马斯特斯认为，正确的管理和引导对网络融合至关重要。2003 年，英国成立新的通信业管理机构 Ofcom（英国通信管理局），融合了原有电信、电视、广播、无线通信等多个管理机构的职能，极大地促进了网络融合的产业发展。管理机构的融合是网络融合发展到一定程度的必然要求。

4. 日本：NGN 消除网络界限

三网融合在日本催生了网络的融合、用户终端的融合和相关法律的融合。

随着三网融合的深入，互联网和通信网的分立已经不再必要。日本通过 NGN（下一代网络技术）来推广实现三网融合。目前的电信、广电和互联网仍是各有各的网络。简单地说，NGN 所要实现的目标就是消除这些网络的界限，整体更新为以互联网技术为基础的网络，实现各种服务的融合。NGN 博采现有的电信、广电网络和互联网之长，它既具备传统电话网的可靠性和稳定性，又像 IP 网络一样具有弹性大、经济划算的优点，而且比现在的互联网通信速度更快、通信品质更高、安全性更强。

三网融合还推动用户终端的融合。日本日益流行的信息家电就是传统家电和信息通信技术的结合。

三网融合在日本面临的难题是有关法律的重整。富士通综合研究所执行顾问佐佐木一人在接受记者电子邮件采访时说，日本的通信产业和广电产业分属独立的法律体系，因此，以日本广播协会为代表的广电产业和通信产业迄今一直是"划界而治"，各自独立发展的。两个产业各有各的固有既得权益，在价值观和文化方面也存在差异。所以，当要推动通信和广电融合时，势必要涉及如何调整两者间上述种种的课题。另外，近年来出现的新服务超出了现行《广播法》和通信领域相关法律调整的范畴。

国会例会已通过日本总务省提交的《信息通信法》草案，这部法律将统一与通信和广电相关的《电波法》、《广播法》、《电气通信事业法》等 9 部现行法律，旨在打破条块分割，以创造一个通信、广电相关企业都能自由参与竞争的环境。

5.1.3　三网融合的发展现状

我国实施三网融合相较其他国家，虽然起步较晚，但是通过借鉴国外三网融合推广的经验，发展非常迅速。前面提到，英国联合通信的负责人马斯特斯在中国提出加快推进三网融合时曾感慨："中国不像英国有大批陈旧的技术和设备，在许多方面可以一步到位，三网融合将大大推动中国网络产业发展。"

表 5-2 描述的是我国三网融合初期网络及业务发展的特点。我国广播电视网络和电信网络归属于不同部门监管，随着网络技术以及业务经营的趋同，广电总局和工信部功能监管职责将进一步划分，一个侧重内容监管，一个侧重网络监管，逐步实现监管融合。

而广电和电信网最终也将实现网络同质化：构架相似，技术趋同，标准统一，从而达到互联互通。

表 5-2　我国三网融合的特点

网络	运营实体	业务	市场状况	监管
电信网	以中国移动、中国联通、中国电信三大运营商为代表的电信运营商	基础及增值电信业务	国资为主，外资与民资可参与增值电信服务	工信部、国资委
广电网	以中央电视台为代表的广播电视传媒载体及各有线电视运营商	广播电视节目生产制作和传播	准入门槛高	广电总局为主
互联网	内容提供商(CP)和服务提供商(如阿里巴巴、腾讯、百度等)	业务内容广泛	开放市场，百花齐放	根据业务不同分属不同部门监管

5.1.4　三网融合的组网模式

2010 年 1 月 13 日，迎来了我国"三网融合"元年。发展至今，三网融合组网模式大致分为三层：核心层、汇聚层、接入层（如图 5-7 所示）。

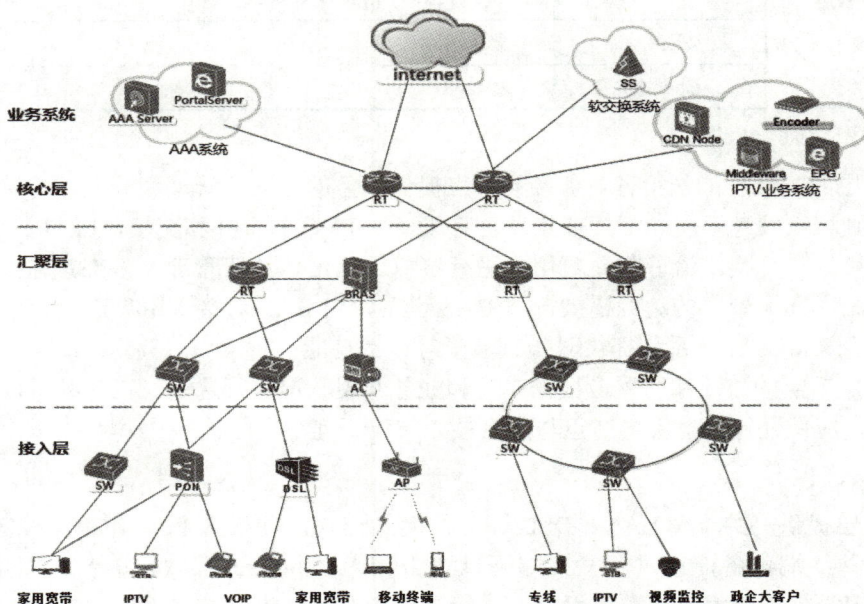

图 5-7　我国三网融合组网模式

一般情况下，核心层和汇聚层可合为一层，称为核心层（有些情况可将汇聚层与接入

层合并)，这样有利于扩大接入层的服务范围，降低宽带城域网的建设成本。而对于大中型 IP 城域网来说，核心层和汇聚层的节点数量多，网络规模大，往往采用典型的核心层、汇聚层和接入层三层结构。其中，接入层到汇聚层之间采用静态路由方式；汇聚层到核心层之间一般采用 OSPF 或 IS-IS 动态路由协议；核心层以上采用 BGP 协议。

1. 核心层

核心层的功能主要是将多个边缘汇聚层连接起来，为汇聚层网络 (各业务汇聚节点) 提供数据的高速业务承载和交换通道；同时实现和国家骨干网互联，提供城市的高速 IP 数据出口。核心层网络结构重点考虑可靠性、可扩展性和开放性。核心层节点数量，大城市一般控制在 3 ~ 6 个，其他城市一般控制在 2 ~ 4 个。

核心节点原则上采用网状连接。考虑到 IP 网络的安全，一般每个 IP 宽带城域网络应选择两个核心节点与 CHINANET 骨干网络路由器进行连接。

跟核心路由器相连的有三个业务系统：AAA 系统 (宽带上网)、软交换系统 (语音) 和 IPTV 业务系统。业务系统平台服务器功能见表 5-3。

表 5-3　业务系统平台服务器功能

业务平台	服务器名称	功 能
AAA系统	AAA服务器	Autentication(认证)、Authorization(授权)、Accounting(计费)
	Portal服务器	推送Web认证页面
软交换系统	SS	VOIP业务的呼叫控制
IPTV系统	CDN Node	推送媒体流给STB(电视机顶盒)
	Middleware	与STB交互认证、授权信息；业务控制鉴权；存储用户认证授权信息；调配CDN Node
	EPG	推送节目菜单
	Encoder	编码器

2. 汇聚层

汇聚层的主要功能是给各业务接入节点提供业务的汇聚、管理和分发，将接入层的业务流汇聚到城域网骨干网。汇接节点设备完成诸如 PVC 的合并和交换，L2TP、Ipsec 等各类隧道的终结和交换，流分类，对用户进行鉴权、认证、计费管理，多 ISP 选择等智能业务处理机制。在汇聚层的边缘需要部署 BAS 设备，由 BAS 对接入用户进行认证和业务权限控制，为 Radius 计费系统提供时长、流量等计费功能。

汇聚层节点的数量和位置应根据光纤和业务开展状况进行选定。在光纤可以正常运行的情况下，应保证每个汇聚层节点与两个核心节点相连。

3. 接入层

接入层提供 PON、WLAN、DSL 等各种接入方式，并接入 PC、IPTV、VOIP、视频监控等多种终端设备，通过各种终端开展宽带接入、Internet 互联、语音、视频等业务。通过利用多种接入技术迅速覆盖用户，进行带宽和业务分配，实现用户的接入，接入节点设备完成多业务的复用和传输，并且利用光纤、双绞线和同轴电缆等有线介质或者无线方式连接用户。

4. 业务系统接入方式

有线上网业务、无线上网业务以及 VOIP 业务的系统接入方式分别如图 5-8、图 5-9 和图 5-10 所示。

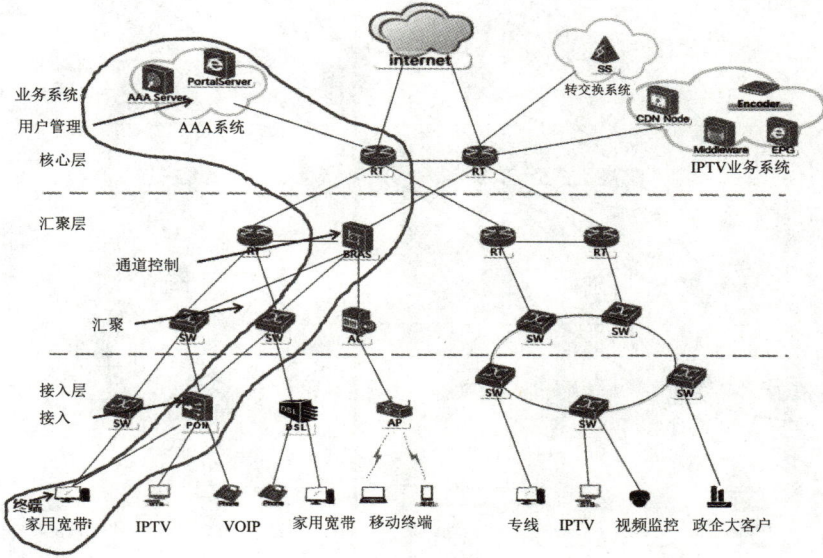

图 5-8　有线上网业务的系统接入方式

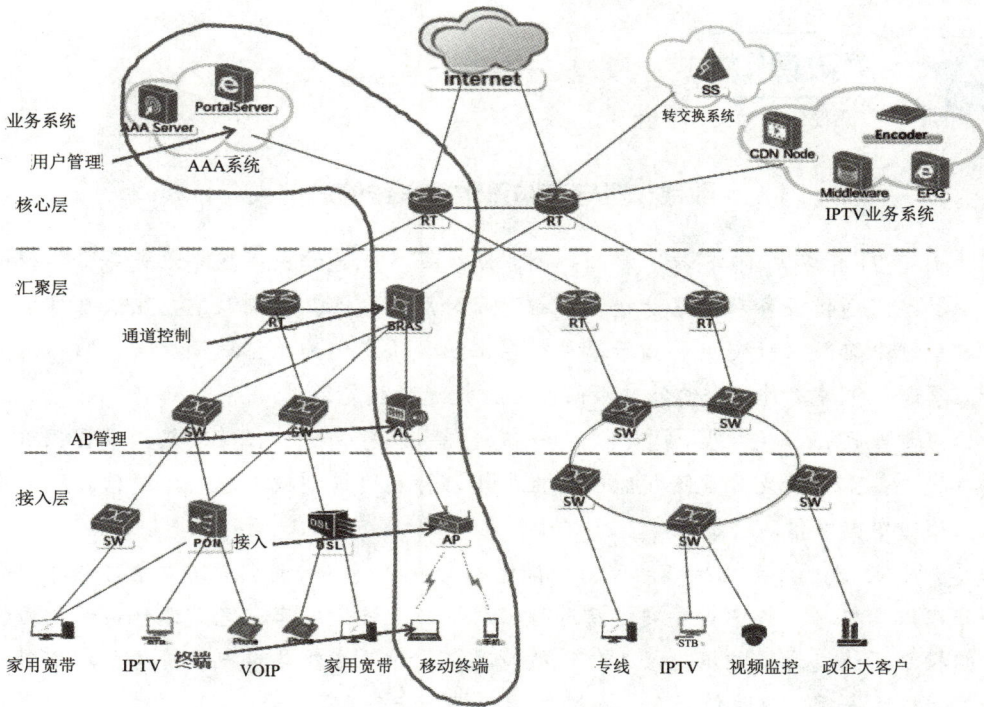

图 5-9　无线上网业务的系统接入方式

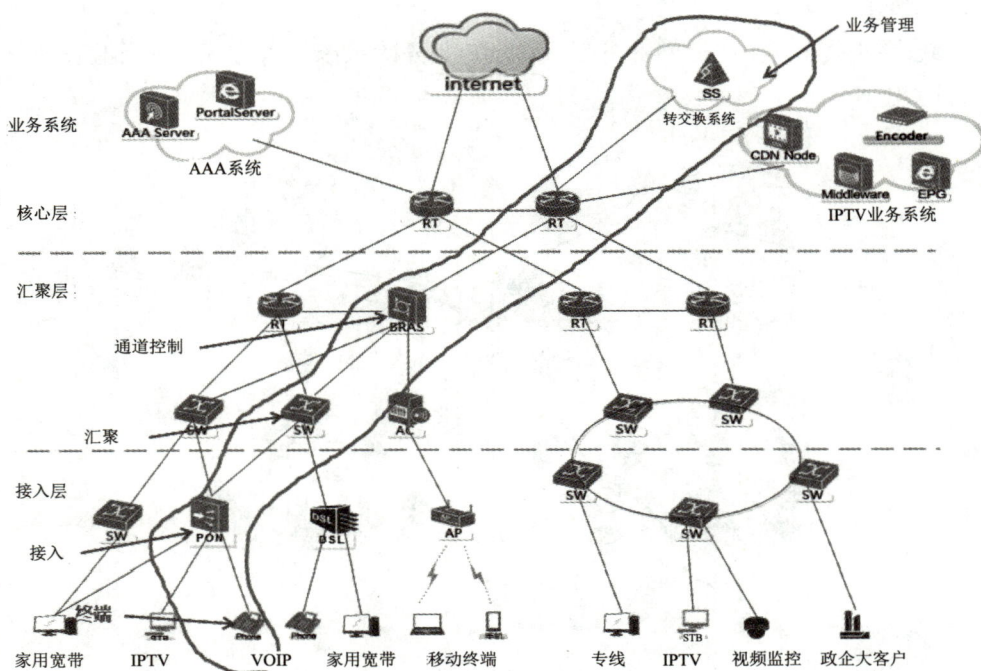

图 5-10　VOIP 业务的系统接入方式

思政课堂

致敬！坚守在防汛救灾一线的通信人

自 2021 年 7 月 19 日起，河南郑州、新乡等多地连续出现强降水天气，导致城市内涝，造成通信设备和线路受损、中断。面对严重灾情，基础电信企业认真贯彻落实习近平总书记防汛救灾重要指示精神，在工业和信息化部的指挥调度下，第一时间开展应急通信保障工作，全力修复故障基站，抢通受损光缆。

在这场防汛救灾攻坚战中，广大一线通信人坚守岗位，任劳任怨，不畏艰难，连续奋战，甚至冒着生命危险护航通信生命线。特别要提到战洪魔、保通信、风雨中的铿锵玫瑰中国电信高桂梅。

7 月 21 日，大雨已持续两天，中国电信新乡分公司云网调度中心主任高桂梅始终坚守在核心机房，集中对受灾信息进行汇总统计、统一发布，完成工作请示及协调救灾的指令下达，通报防汛抢修工作进展情况。同时，在饮马口中心机房、市公司枢纽楼核心机房安排了夜晚值守人员，确保核心机房安全。

　　尽管已在调度中心连续待了 48 小时，发布了近千条指挥调度指令，声音已经嘶哑，但由于新乡市气象局发布黄色预警信息，高桂梅仍不放心，还是坚持留在调度中心坐镇指挥。21 日 20 点开始，新乡市区突降特大暴雨，一楼电力室出现渗水，高桂梅立即组织现场值守人员进行雨水清理，同时对电力室门口用沙袋进行封堵。

　　年近五十的高桂梅和前来抢险的十余名男同志始终奋战在一起，抹去脸上的雨水、汗水，一盆一盆地接水、一袋一袋地搬运沙袋，机房门前的雨水已达 1 米多深，高桂梅又和前来支援的同志坐着铲车搬运抢险物资，白天到夜晚，深夜到黎明，确保了饮马口核心机房电力室的设施安全。

　　在高桂梅的带领下，云网调度中心全体员工发扬不怕吃苦、不惧风雨的团队精神，个个冲锋在前、誓保机房安全，直至险情缓解，赢得了最后的胜利。

　　思考： 收集并整理通信人在各种境况下坚守岗位、不畏艰险，保护通信生命线的事件。

5.2　戏说"PON"

5.2.1　"小胖"和他的兄弟们

》　最后一公里

　　我是小胖 (相当于 PON)，当我懵懵懂懂来到这个世上的时候，身边围着很多人，他们都好奇地打量着我，我感觉得到大部分人很喜欢我，但也有人对我怀着隐隐的敌意。我有很多事情不明白，我是谁？我来自哪里？为什么大家叫我小胖？我甚至不知道，为什么我会出现？我也不知道我该往哪里去？

这时，前面一位鹤发童颜的老爷爷朝我走来，对我说："你是小 PON 吗？"我说："是的，我是小 PON。"老爷爷接着说："现在有很重要的事情要交给你，你到前面的一个叫'最后一公里村'的地方就知道了。"话音刚落，老爷爷就消失了。

最后一公里村？重要的事情？于是我试着打听往最后一公里村的路怎么走。一路上遇到了很多人，他们都告诉我同一句话，说这件事很重要，我一定要去做。路上遇到两位叫WAN(骨干网) 和 MAN(城域网) 的好心人，他们带我到了最后一公里村的入口 (接入网)。整个村子里，一片热闹的景象。

分析和思考

根据上述剧情，请同学们思考并讨论：

1. 最后一公里喻指的是什么？

2. 对于 PON 的身份，你有什么猜测？

» 原来我不是一个人战斗

慢慢地我和村子里的人混熟了。

这个村子里，有三个小朋友的名字和我的名字很像，他们分别来自于两个家庭，而且他们的父母在村子里都颇有威望。APON 和 GPON 是兄弟俩，APON 诞生于 1995年，GPON 则于 2001 年出生，他们的父亲叫 ITU-T，母亲叫 FSAN(Full Service Access Network)。他们的父母把 APON 的名字改为了 BPON。另外还有一个叫 EPON，他是 2000 年出生的，EPON 的父亲叫 IEEE，母亲叫 EFM(Ethernet in the First Mile)。EPON 跟一个名叫 Ethernet 的关系密切，而 Ethernet 在村子里和村子外面的势力范围很大，所以，EPON 很受欢迎。GPON 虽然年龄最小，可是他的出生寄托了这村子里很多人的愿望。BPON、EPON 和 GPON 最大的特点是，他们都有一套独特的方法来帮助村子里的人们与外界互通信息。正是因为他们的这个特长，最后一公里村的人们将来彼此之间互通信息就靠他们了。

虽说 ITU-T、FSAN、IEEE 都是这里的权威人士，可是当年他们都有一段拜师学艺的经历。FSAN 的师傅最多，大概有 50 多个，其中包括 Verizon、Bellsouth、BT、France Telecom、Korea Telecom、OKI、Flexlight、Fujitsu、Hitachi、Infineon、Intel 等有名的高人。

分析和思考

根据上述内容，请同学们进一步分析：

1. APON、EPON、GPON 三者之间的关系是什么？他们各自的父母是谁？

2. 为什么说 EPON 跟 Ethernet 的关系亲密？

》 三兄弟的神通

话题又回到我那三个同名的兄弟朋友。渐渐地，当最后一公里村的人们有信息要和村外的世界沟通时，都通过 BPON、EPON 和 GPON。这三个 PON 神童各有各的神通。但他们都会把村里头各家需要传送的东西先集结到一个叫 OLT 的地方，从那里再往外传。PON 兄弟还为每一家准备了一个很方便的盒子，取名叫 ONU。每家只要有消息需要和外面沟通，就把信息放在 ONU 里，PON 们会很频繁地依次定期来收集。慢慢地，小 PON 发现 PON 兄弟们会把从一定数量 (16/32/64/128) 的 ONU 盒子里面收集起来的东西用专用的管道 (称为 Fiber) 传送到一个集合点 OLT 那里，再由 OLT 统一按一定的规则送上往村外的一根管道。当然这种传送是双向的，外面的信息也可以通过这个网络由 OLT 传到每个 ONU。PON 兄弟们在这中间放置一个 Passive Optical Splitter(无源光分支器) 的装置来负责分发和收集。这一套方法的特点就是传送过程中间采用了这个 Passive optical Splitter，这样，一个 OLT 就可以负责很多个 ONU(点到多点)，节省了 OLT，也节省了管道 Fiber。如果每一家的 ONU 都直接铺管道连到 OLT，那么就变成了点到点，资源利用率低，成本太高。更重要的是，Passive Optical Splitter 不需要能量供给。

三兄弟由于各自父母的言传身教，个个身负秘籍，这些秘籍都有代号，BPON 的秘籍代号是 G.983，GPON 的秘籍代号是 G.984，EPON 的秘籍代码是 802.3ah。这些秘籍随着他们的成长还会不断更新。

分析和思考

根据上述内容，请同学们进一步分析：

1. PON的系统组成结构分为哪三个部分？

2. PON三兄弟的秘籍喻指的是什么？

» 三兄弟之前世今生，恩怨情仇

BPON、EPON、GPON 三兄弟的秘籍各有玄妙。BPON 本名 APON，继承了当年盛极一时的 ATM 的衣钵。但所谓曲高和寡，ATM 的"曲谱"高深繁杂，除了在几个叫北美、日本和欧洲的地方有伯乐，没有更多的发展。

在这一点上，EPON 则利用了其在最后一公里时颇有势力范围的 Ethernet，所以他的出现是和现状最相符的。但，有智者说现在符合不等于将来符合，人们的需求多了，EPON 在满足多种需求方面的新的法则还没面世。

那未雨绸缪，GPON 则看到了这方面的未来，在更快速和更高效率(满足多种需求，适应多种业务)方面重点考虑，成为 G.984，这也是很多应用参与者支持的。

GPON 和 EPON 却有些水火不容的意思了，毕竟不是同一个爸妈生的。GPON 呢，自感出身优越，无所不能。先让我们看看 GPON 的功夫吧。他最大的秘诀在于吸取了其亲兄弟 BPON 的教训。他在用 ATM 接活干的同时，还给自己暗中增加了另外的一门功夫，叫作 GEM(GPON Encapsulation Mode)。GPON 基本上把自己的未来全部赌在 GEM 身上了。他打算以后把所有能揽到的业务全部用 GEM 来做。

GEM 是比较流行的通用成帧协议 GFP 的一个变种，被 GPON 稍稍改造了一下给拿过来用了。GFP 最大的本事就是承接语音以及 TDM 业务，效率和性能非常好。GEM 还可以用非常高的效率通过封装以太来封装 IP 数据。这是他颇为得意的地方，又能传语音，又能传数据，还能保持高效率。这几个 PON 兄弟哪能比得过他。

这还不算，GPON 决定在体力上也超过其他兄弟，在各个指标上都是第一，例如可以支持的最大下行速率为 2.5 Gb/s，上行速率可以弹性分配。他还希望自己能一口气跑 40 km，一根光纤口支持 128 个 ONU。

再说 EPON。EPON 在某个角度上有点类似 BPON，BPON 想用 ATM 来做一切活，EPON 就想用以太 (Ethernet) 来承揽一切业务。不过，Ethernet 和 IP 的关系非常好，而且 "Everything over IP" 的理念已普遍为大众所接受，认为未来网络将由 IP 统一天下。所以村民们认为 EPON 比 ATM 更有前途。EPON 为此十分感动，大力提倡用 "KISS(Keep It Simple and Stupid)" 法则来吸引村民。

EPON 的上、下行速率理论上均可达 1.25 Gb/s，但是实际应用中会存在其他开销，使得其数据传送速率大约可达到 700 Mb/s。

分析和思考

根据上述内容，请同学们进一步分析：
1. APON、EPON、GPON 各自的传送速率是多少？
2. APON、EPON、GPON 各自的传送业务有什么优势？

» 血脉相连，各显神通

三兄弟虽然一直互不服输，暗自较劲，但毕竟同承一脉，他们的核心器件技术相较其他光纤家族的兄弟而言，亦有独到之处。例如，在无源光器件上，他们可以在一根光纤上同时传送上行、下行两个不同方向的信号。他们的法宝就是单纤双向器件 (BIDI)，上行信号采用 1310 nm 波长，下行信号采用 1490 nm 波长。

因为从不同 ONU 到 OLT 的信号走的路程不同，OLT 接收到的信号的幅度和定时变化非常大，所以 ONU 发射和 OLT 接收都需要反应比较迅速，相应的芯片开发起来也有难度。不过，EPON 和 GPON 两个兄弟各自动了些脑筋。EPON 采用 8 B/10 B 编码来降低恢复定时的难度。而 GPON 呢，要求 ONU 能进行功率控制，尽量使得到 OLT 信号的幅度变化不要那么大，也降低了对底层器件的要求。

"视频覆盖 (Video Overlay)"技术是三兄弟的另外一个秘密武器。这项技术主要支持视频传送,就是在下行的传送通道中增加一个 1550 nm 的光信号,用于承载广播电视信号。因为这个法宝,村子里的人们更加开心了,亲切地称呼其 VPON (Video PON)。村子里的人们一直想将电视信号放到 IP 上传送,电视信号通过 mpeg2 被 IP 化,PON 兄弟就可利用 ATM、以太网协议来传送所谓的 IPTV,这个时候,三兄弟就需要各显神通了。

5.2.2　接入网:PON

从上节的戏说故事中,我们已经了解到 PON(Passive Optical Network,无源光网络)技术主要分为三种:A/BPON、EPON 和 GPON 三种。PON 技术分类见表 5-4。

表 5-4　PON 技术分类

	EPON	A/BPON	GPON
标准主体	IEEE	ITU-T	ITU-T
标准提出时间	2004	1998	2003
最高下行速率	1.25 Gb/s	155/622 Mb/s	不超过2.488 Gb/s
底层协议	Ethernet	ATM	GEM/ATM
常见分光比	1:16	1:32	1:64
支持传输距离	20 km	20 km	60 km
QOS支持程度	一般	高	高
语音支持程度	一般	高	高
安全性	一般	较高	较高

GPON 技术和 APON 技术一脉相承,在传输语音业务方面较 EPON 技术更为轻车熟路,但是由于目前通信技术的不断提升,差距并不十分明显。

PON 主要应用于接入网,是指在局端设备 (OLT) 与多个用户端设备 (ONU/ONT) 之间通过无源的光缆、光分 / 合路器 (POS) 等组成的光分配网 (ODN) 连接的网络。PON 的组成如图 5-11 所示。

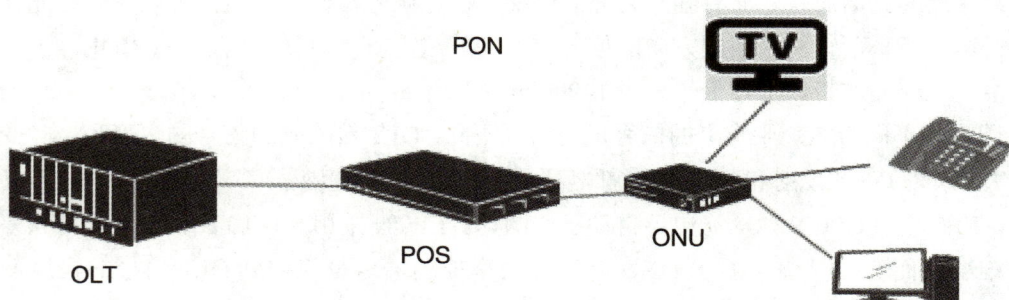

图 5-11　PON 的组成

在 PON 系统中主要采用波分复用技术 (WDM) 来实现单纤双向，即一根光纤同时传送上行信号和下行信号，其中上行信号波长为 1310 nm，下行信号波长为 1490 nm；另外，广播电视信号波长为 1550 nm。三种信号可以同时传送，互不干扰。

PON 技术在我国起步较晚，从 2005 年中国电信开始部署 EPON 至今，PON 技术一直在不断更新演进，从最早 EPON、GPON 到现在的 10 G EPON，如图 5-12 所示。

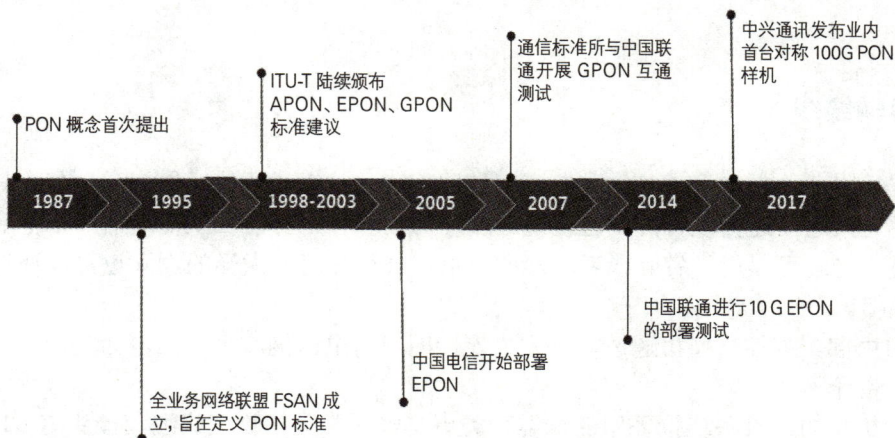

图 5-12　我国 PON 技术的发展历程

在目前 5G 网络建设中，中国通信标准化协会 (CCSA) 对于 WDM PON 的技术规范也做出了进一步的推进和要求。新的 PON 的特征和主要技术如图 5-13 所示。

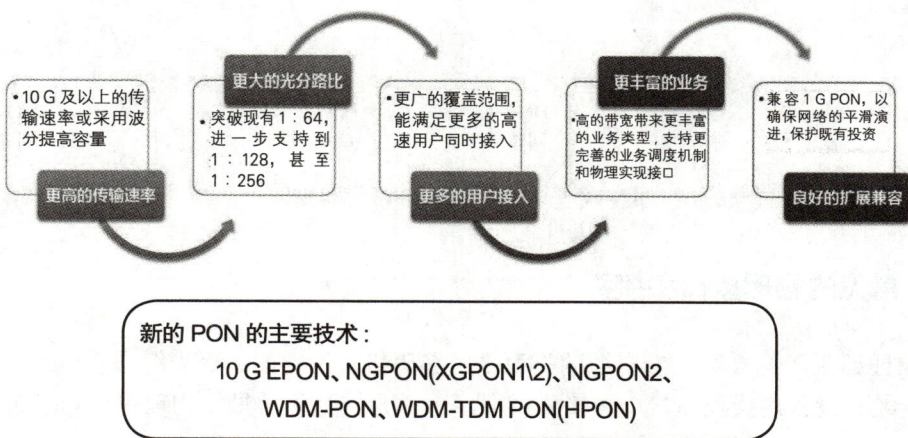

图 5-13　新的 PON 的特征和主要技术

TIPS：想要了解更多关于 PON 系统以及三网融合的内容，请扫描下面二维码。

5.3　传输线缆及接口

5.3.1　传输线缆

网络是由若干个节点和连接这些节点的链路组成的。对于通信网络来说,节点是指通信设备,而连接这些通信设备的就是线缆。线缆有很多种,目前在主干通信网络中应用较多的是光缆。光缆可以用于省际或者城际的通信,甚至在远隔大洋的洲际也可以通过海底光缆进行通信。

在城市内部,程控交换机通过多种方式连接用户的电话机或企业的电话交换机,如大对数电缆、光纤等。

在通信机房内,设备连接采用的线缆种类更丰富。常见的物理线缆和接头有 RJ-11 和双绞线、RJ-45 和五类线、BNC 和同轴电缆、光纤接头跳线 (尾纤)、V.35 接口等,如图 5-14 所示。

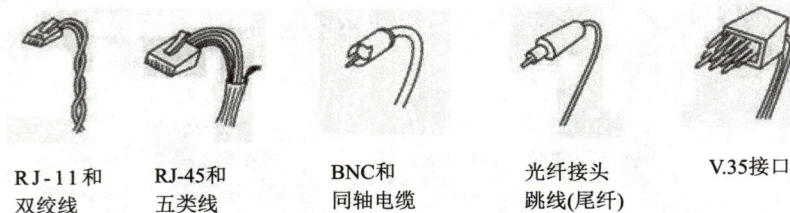

RJ-11 和　　　RJ-45和　　　BNC和　　　　光纤接头　　　V.35接口
双绞线　　　　五类线　　　同轴电缆　　　跳线(尾纤)

图 5-14　多种常见的物理线缆和接头

5.3.2　常见的物理接口和接头

通信线路采用的光缆或者电缆的类型是由编码格式决定的,而光缆或者电缆的类型又决定了线缆和设备连接处的接口与接头类型。下面介绍几种常见的物理接口和接头。

1. RJ-11

RJ-11 接口和 RJ-45 接口有相似之处,因其接头部分都透明而结实,被叫作"水晶头"。RJ-11 只有 4 根针脚 (RJ-45 有 8 根针脚)。在电话系统中,电话机的接口就是 RJ-11 插孔,与之配套的电话线的末端是 RJ-11 的水晶头。在计算机系统中,RJ-11 主要用来连接调制解调器 (Modem)。

在通用综合布线标准里,没有单独提及 RJ-11,所有的连接器件必须是 8 根针脚。RJ-11 和 RJ-45 的协同工作和兼容性标准还没有成文。

RJ 这个名称代表已注册的插孔 (Registered Jack),来源于贝尔系统的通用服务分类代

码 (USOC，Universal Service Ordering Codes)。USOC 是一系列已注册的插孔及其接线方式，用于将用户的设备连接到公共网络。FCC(联邦通信委员会) 代表美国政府发布了一个文档，规定了 RJ-11 的物理和电气特性。

2. RJ-45

RJ-45 是一个常用名称，是指符合 IEC(60)603-7 标准，使用由该国际接插件标准定义的 8 个位置 (8 针) 的模块化插孔或者插头。IEC(60)603-7 也是 ISO/IEC11801 国际通用综合布线标准的连接硬件的参考标准。

因此，使用 6 针或者 4 针接插件 (比如 RJ-11) 从此不被通用解决方案支持。为了使超五类双绞线达到规定的性能指标和统一的接线规范，国际上制定了两种国际标准线序，常用的一种叫 T568B，其线序为白橙、橙、白绿、蓝、白蓝、绿、白棕、棕。

网络工程师在制作网线时，常常需要考虑水晶头与网线如何连接的问题。

双绞线中 4/5、7/8 这四根线没有定义。而具体施工时，往往不注意就接成了 1、2、3、4。10 Mb/s 网络相对而言，带宽比较窄，但连通性好，所以连接成 1、2、3、4 也没有什么问题。但是当网络速率到达 100 Mb/s 的高带宽时，再连成 1、2、3、4 就不能很好地工作了。需要注意的是，该故障的表现方式不尽相同：有的计算机在进行连接后，网卡和 HUB 或交换机上的指示灯均正常点亮；有的计算机则是网卡上的指示灯正常亮，而 HUB 或交换机端的指示灯闪烁，从而增加了排错的难度。所以双绞线制作过程中一定要高度重视线序问题。

3. V.35

V.35 是通用终端接口的规范，其实 V.35 是对 60 ～ 108 kHz 群带宽线路进行 48 kb/s 同步数据传输的调制解调器的规定，其中一部分内容记述了终端接口的相关规范。

V.35 对机械特性即对连接器的形状并未作出规定。因此，我们应该经常能够在低端路由器、Modem、MUX 上见到各种形状的 V.35 接口。

路由器中的 V.35 接口一般采用 DB34 或者 DB25 的接口类型，用来传送同步的 $N \times 64$ kb/s 数据。

4. RJ-48

RJ-48 是 E1/T1 接口的连接器标准，其外观和 RJ-45 接头的外观极其相似，但正规的 RJ-48 接口在第八线侧的外壁有一个小突起以便与 RJ-45 区分 (但目前基本都混合使用，电子市场购买的 8 芯水晶头，采用不同线序，就成了不同的接口类型，即 RJ-48 或者 RJ-45)。

RJ-48 通常指 RJ-48C，用于 E1/T1 语音接口，用 1/2/4/5 针。

5. BNC

BNC 头是一种用于同轴电缆的连接器，全称是 Bayonet Nut Connector(刺刀螺母连接器，这个名称形象地描绘了接头的外形) 或称为 British Naval Connector(英国海军连接器，名称由来可能是英国海军最早使用这种接头)。还有第三种说法，BNC 的全称应为 Bayonet Neill Conselman (Neill Conselman 刺刀，这种接头是个名叫 Neill Conselman 的人发明的)。

由于同轴电缆是一种屏蔽电缆，又有传送距离长、信号稳定的优点，因此 BNC 接头被大量用于通信系统中。例如，网络设备中的 E1 接口就可以用两根 BNC 接头的同轴电缆来连接；在高档的监视器、音响设备中，BNC 接头也经常用来传送音频、视频信号。

实际应用中，BNC 接头种类极多，据不完全统计有 200 多种，形状各异，制作方法也不尽相同。用百度搜索"BNC 接头"的图片时，会看到变化多端的 BNC 接头形状。

6. 光纤接口

光纤接头和光纤跳线头是类似的，一般为公头，而光纤接口一般为母头。

7. AV 接口

AV 接口是声音和视频的混合端口，A 即 Audio(声音)，V 即 Video(视频)，通常都是成对的白色音频接口和黄色视频接口。AV 接口通常采用 RCA 进行连接，使用时只需要将带莲花头的标准 AV 线缆与相应接口连接起来即可。比如，在许多音箱、DVD 机上就使用这样的接口。

8. S 端子

S 端子 (Separate Video) 也是常见的接口。S 端子连接规格是由日本人开发的，它将亮度和色度分离输出，避免了混合视讯信号输出时亮度和色度的相互干扰。S 端子实际上是一种五芯接口，由两路视频亮度信号、两路视频色度信号和一路公共屏蔽地线共 5 条芯线组成。比如，在电视机、DVD 机上能看到 S 端子。

5.3.3 DDF、ODF 和 MDF

数字配线架 (DDF，Digital Distribution Frame) 用于电缆的转接。不同的 DDF 架适合不同的接头类型，比如 RJ-11、BNC 或 RJ-48。两台电信设备之间 E1 的连接，一般都不是用线缆直接将两个接口连接起来，而是把设备的接口先通过线缆连接到 DDF 架上，再在 DDF 架上用"跳线"将所需连接的端口"对接"起来。

光配线架 (ODF，Optical Distribution Frame) 用于光纤的转接。ODF 架适合的接头有单模和多模之分。相比于 DDF 架，所有带有光接口的设备，其光接口之间一般也不是直接连接起来的，而是先连接到 ODF 架上，在 ODF 架上用"跳线"将所需连接的端口"对接"起来 (如图 5-15 所示)。

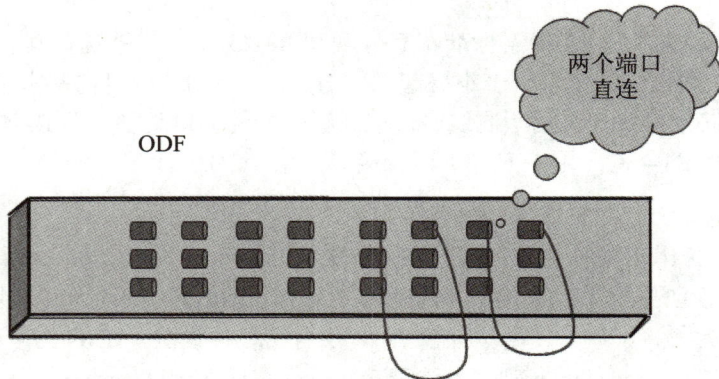

图 5-15　ODF 跳线连接

这样做看似复杂且浪费，但方便查询和维护，便于调换连接线路，并且容易明确责任。对于两台设备分属不同厂家的情况，每台设备的端口都连接到 DDF 或 ODF 上，以免其中一家设备厂商的调试人员因为线缆的连接而牵扯另外一个厂家的设备，从而避免不必要的纠纷。

　　MDF 是"总配线架"(Main Distribution Frame)，适合与大容量电话交换设备配套使用，以接续内、外线路，还具有测试、保护局内设备和人身安全的作用。

5.4 传 送 网

　　为了让信息能够传得更远，我们在源端对信息进行了两次变形，第一次把信息转换成模拟信号，第二次把模拟信号转换成数字信号。也就是说，把信息变成了二进制的数字，但是信息还在源端，并没有传送出去。可是通信是什么？我能听到你发给我的语音，你能看到我传给你的视频。那么我们需要通过网络实现信息的传递，首先要把语音、视频等信息交给业务网（通信网中能够直接为客户提供服务的网络）。

　　那么，业务网能实现信息传递的整个过程吗？不能。业务网需要和传送网协同工作。如果说业务网是台前，那么传送网就是幕后，为业务网的运营提供必要的支持。运营商的业务网如图 5-16 所示。

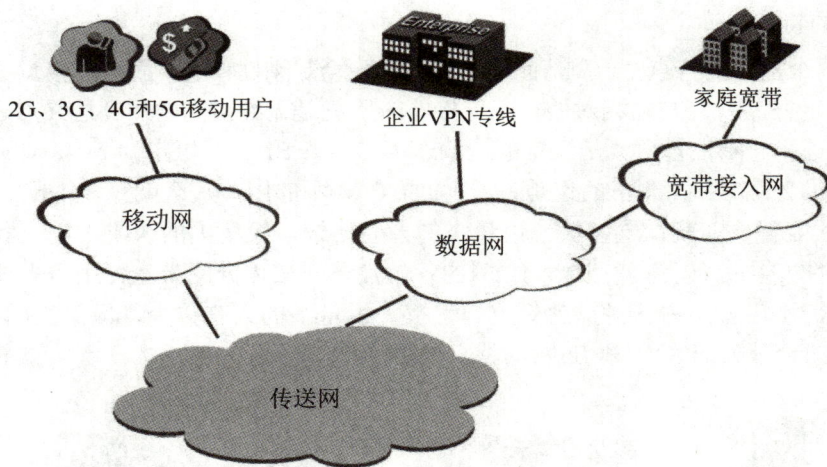

2G、3G、4G和5G移动用户　　企业VPN专线　　家庭宽带

移动网　　数据网　　宽带接入网

传送网

图 5-16　运营商的业务网

5.4.1　传送网的典型接口：E1

　　传送网和业务网是两个不同的网络，将这两个网络连接在一起，需要特定的接口，比如典型的 E1 接口。E1 是为匹配数字语音业务而诞生的，它的信息传输频率与语音信号的抽样频率 8 kHz 保持一致。由于是实时通话，需要将每隔 1/8000 秒抽样出来的信息马上传递给对方，比 8 kHz 快造成没有信息可传，比 8 kHz 慢使得信息不能准时到达。例如，工厂生产线的传送带，传送带的速度与产品生产的速度一定是完美匹配的。

1. E1 的帧结构

帧结构就是某一种技术使用的数据单元的组成。无论哪种物理接口，都像传送带一样传送比特流，也就是 0 和 1 组成的数字串，比如 00110011001010000011100……直接看这一串代码，我们是无法获知其中的含义的，需要有特定的方法进行解读。也就是说，我们拿到了密信，还需要一个密码本把信息翻译出来。因此，我们需要规定帧结构，从而对比特流进行解读。

E1 的帧结构如图 5-17 所示，E1 的每一帧分为 32 个时隙，分别用时隙 0 ~ 31 表示；每个时隙为 8 bit，一帧的长度就是 $32 \times 8 = 256$ bit；E1 的帧频是 8000 帧 /s，那么 E1 的速率就是 $8000 \times 256 = 2.048$ Mb/s，因此 E1 接口又称为 2 M 接口。

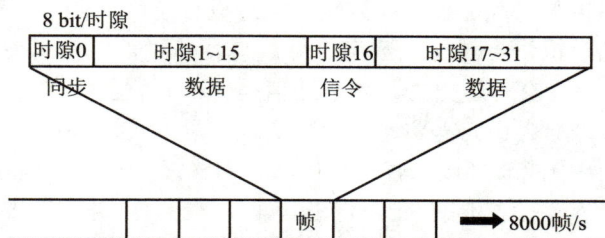

图 5-17　E1 帧结构

2. E1 的特点

E1 有两个重要的特点：一个是面向连接，另一个是刚性管道。面向连接意味着在建立通信之前规定好路线。与之相对的是无连接，IP 网就是无连接的，在到达终点之前，有多种路线可供选择。刚性管道就是恒定的传输速率。一条 E1 速率恒定为 2.048 Mb/s，一个站点如果用不了 2 M，那么剩下的也是空着；如果 2 M 不够用，那么就算多 1 b/s，也必须再配一条 E1 才能解决。就像吃盒饭，饭量小的人会剩饭，饭量大的人吃不饱。和刚性管道相对的是弹性（柔性）管道。例如，IP 网的各站点之间按需分配带宽，用得多就多占，用得少就少占，不用就不占资源。就像吃自助餐，饭量小的人吃得少，饭量大的人吃得多，要实现资源的合理分配。E1 和 IP 网的特点如图 5-18 所示。

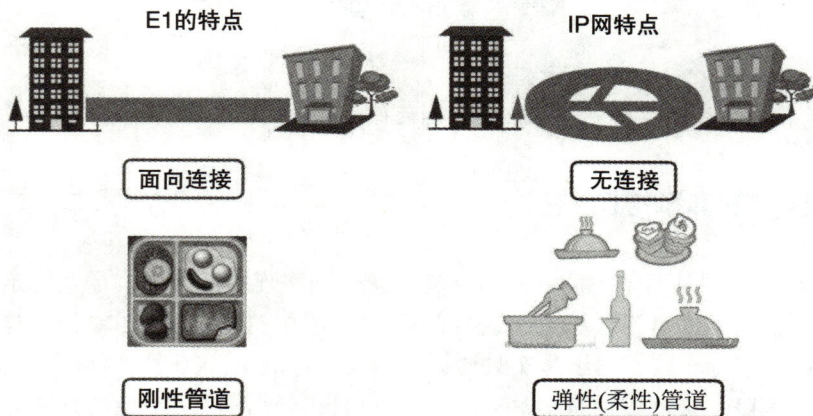

图 5-18　E1 和 IP 网的特点

分析和思考

1. 为业务网提供支持的是什么？
2. E1 接口的传输频率是多少？E1 接口的速率是多少？
3. E1 接口的帧结构包括多少个时隙？
4. E1 接口的两大特点是什么？

5.4.2　初识传送网

1. 传送网的作用

如果把信息比作货物，传送网就是一张物流网，物流网承载的是各个企业、个人之间的包裹的往来，传送网承载的是各个业务网内部和它们之间的信息交互。我们可以把传送网理解为一张信息物流网。物流网在各个公司业务往来中扮演着最底层的角色，只负责货物的运输，对于业务本身并不关心，运输的货物是什么也都毫不知情。传送网也是整个通信网的最底层，负责所有异地信息的传送，而对于传送的信息本身不闻不问。概括来说，传送网就是远距离传送信息的可靠网络。

电缆的传输距离一般为 100 m，而基站遍布在城市、道路、乡村的角落，BSC、MSC和 RNC 位于中心局（运营商分公司的办公大楼）。基站和 RNC 之间的距离可能是几千米甚至几百千米，二者之间的连接都是基于传送网的。传送网将遍布全球业务层面的孤岛连成了固定电话网、移动通信网、宽带互联网，套用一句熟悉的广告词来描述这一现象：我们不生产信息，我们只是通信系统的信息搬运工。传送网分为三层：接入层、汇聚层和核心层，如图 5-19 所示。

图 5-19　传送网的分层

2. 光纤通信的产生

用电缆传输远距离、高速率的信号是行不通的，只能用光信号传输。现在我们知道的光信号传播速度快、损耗小、带宽大、抗干扰性能好，优势极为明显，但是光通信的发展极其艰难。

光纤通信主要实现光信号在光纤中传输。这个设想在 20 世纪 30 年代就有人提出。光纤通信的实现依赖于两个重要因素：第一，光源 (能发出光斑极小、能量集中、方向性好的光)；第二，光纤 (传输损耗低)。1960 年，美国人梅曼 (T.H.Maiman) 发明了第一台红宝石激光器，但其不能常温连续工作。1966 年，高锟博士在发表的论文《光频率介质纤维表面波导》中提出玻璃丝可用于通信。1970 年，美国康宁公司花费 3000 万美元制造出了 3 条 30 m 长的光纤样品，这是世界上第一次制造出对光纤通信有实用价值的光纤。从此，光纤通信飞速发展。

光纤通信是利用光导纤维传输光波信号的通信方式。光波属于电磁波的范畴，包括紫外线、可见光和红外线。光纤通信利用的波长范围是 0.8 ～ 1.8 μm，属于近红外线区。光纤通信的实用工作波长有三个：0.85 μm、1.31 μm 和 1.55 μm。

目前，传送网都是使用光纤来进行数据传输的。但实际上光纤在刚刚问世的时候，损耗很大 (1000 dB/km 以上)，并不具备使用价值。1966 年，高锟在他的论文中预言，随着光纤中杂质的减少，光纤的损耗将随之降低；随着制造工艺的进步，光纤就有可能被用于通信中。事实上也正是这样的，尤其是光纤在进入实用阶段后，其损耗不断降低，目前已经达到 0.2 dB/km 以内。

分析和思考

1. 什么是传送网？

2. 传送网分为哪三层？

3. 传播光信号的优势有哪些？

4. 光纤通信的实用波长有哪些？

5.4.3　刚性网络的演进：PDH—SDH—MSTP

刚性网络是指网络连接始终存在，网络资源始终被连接的端口占用的网络。与之相对应的就是弹性网络 (或者说支持统计复用)，弹性网络的带宽按需分配，不会浪费过多的资源。

固定电话中每个话路的速率为 64 kb/s，32 个话路 (64 kb/s) 捆绑合并后形成的信号占用一个 E1 接口 (2.048 Mb/s)。传送网诞生之初就是为了承载固定电话业务，所以 E1 接口是传送网中很常见的一个接口。传送网最开始使用的技术体系即 PDH(准同步数字体系)。在我国采用的 PDH 中，定义了一次群 E1(2 Mb/s)、二次群 E2(8 Mb/s)……五次群 E5(565 Mb/s，我国特有的)，这些群中就容纳了不同数量的 E1。但是由于 PDH 具有容量较低、只能逐级解复用、开销少等缺点，因此在 20 世纪 90 年代开始，SDH(同步数字体系) 逐渐开始取代 PDH 成为主流。

既然是逐渐取代，SDH 则必然会对 PDH 进行兼容，在 SDH 中定义的信号标准容器 C4、C3、C12 就分别对应于 PDH 中的 E4、E3、E1。这些 C 容器被封装在虚容器 VC4 里面，再装上同步传送模块 STM-N(N = 1、4、16、64、256) 送到线路侧。不同于 PDH 的逐级解复用，SDH 支持对 VC12、VC4 信号进行交叉，即不用打开 VC12、VC4，而将它们作为一个整体进行调度。另一方面，SDH 帧中加入了很多开销字段，依靠这些字段就可以实现强大的网管功能。

在 2.5G(GPRS) 和 2.75G(EDGE) 时代，虽然各大运营商提供了低速上网的功能，但本质上是通过 E1 中的时隙来进行数据传输的，对于传送网而言，并没有本质的改变。直到 3G 时代到来，数据业务对传统的话音业务带来了巨大的冲击，这时传送网迫切地希望升级，以便能承载数据业务。事实上，在 3G 时代，话音业务仍然采用 E1 接口，但是数据业务采用了以太网口。在 3G 时代的前期，流量需求并不是那么明显，因此可以对 SDH 业务进行升级来满足现阶段的需求。升级后的技术体系便是 MSTP(多业务传送平台)。相对于 SDH 只能接入 E1 等 PDH 接口，MSTP 则强调了 "多业务"，即支持以太网口、ATM(异步传输模式) 等接口。在接收以太网数据时，MSTP 完成一帧数据的缓存后，会利用 GFP(通用成帧规范) 协议，将数据封装至 SDH 的 C12、C4 等容器里面，并重用 SDH 的那一套流程。

需要注意的是，MSTP 虽然暂时解决了问题，但是 MSTP 仍然是刚性的通道，其本质决定了它天然不适合数据业务的传输，因此技术换代是必需的。

5.4.4　分组传送网：IP 网

IP 数据网络 (分组网络) 是用来解决计算机之间相互通信的网络，可以说基本上和 MSTP 网络是平行的 (除了两者都依靠 OTN 承载)，直到 3G 时代手机上网的需求增加，使得两个网络有互相融合的趋势。分组传送网的原型就是 IP 网，是从数据网的二层交换、三层路由技术发展而来的。如今使用比较多的两个技术标准就是 PTN(分组传送网) 和 IPRAN(基于 IP 的无线接入网)。PTN 按照原本 SDH 的思路，通过加入 MSTP 的 L2 VPN(目前已经支持 L3 VPN) 来实现统计复用。PTN 和 IPRAN 的最大区别在于控制平面的实现方式不同，PTN 的控制平面通过网管实现，而 IPRAN 的控制平面是在设备上实现的。但随着技术的演进，二者的技术方案已经基本趋同。

5.4.5　高速网络的演进：WDM—OTN

传送网的发展方向是更大的带宽，由此诞生了 WDM(波分复用) 技术。在 WDM 诞生之前的技术体系里，传输信号使用单一的波长。顾名思义，波分复用就是在一根光纤中同时传输多个波长的技术 (俗称彩光)。

波分复用技术能够支持更大的带宽，但本身也有着一些缺陷，尤其不支持对业务内部进行处理，比如需要增加额外的 MSTP 设备才能支持 GE、2.5G 颗粒业务调度。为了解决传统波分复用技术对业务调度能力差、组网保护能力弱等问题，诞生了 OTN(光传送网) 技术。

OTN 定义了 OTU(光传送单元)、ODU(光数据单元)、OPU(光净荷单元) 一系列的速率等级和帧结构，对 WDM 的每个波道内部进行了划分，并基于不同等级的 ODU 颗粒实现了电交叉。而且 OTN 还拥有独有的技术 —— 光交叉，只要在站点内增加波长选择开关，就可以实现不同波长光信号的自由调度，不需要按照以前的模式使用尾纤跳接。

5.4.6　由实入虚：SDN 重新定义传送网

我们可以把分组传送网看作传送网和 IP 网的有机结合，所以其涵盖的技术各种各样，单单 TCP/IP 协议栈中就有众多协议，这给技术人员带来了一定难度，因此提出了 SDN(软件定义网络) 的理念。SDN 不是一种技术体系，而是一种新的网络架构思路，其核心思想是将网络设备的控制平面和数据平面分开 (类似于电脑的软件 + 硬件的思路)，从而对网络流量进行灵活控制。

2011 年，由德国电信、雅虎、谷歌等几家公司联合成立了开放网络基金会 (ONF)，致力于推广 SDN 及 Open Flow 的标准化工作。与其他组织不同，ONF 的成员由用户和运营商组成，其目的不言而喻：为了摆脱厂家的锁定，从而获得更多的利益。为了对抗 ONF，多家 IT 设备厂家发起成立了 ODL(Open Day Light) 组织。

NFV(网络功能虚拟化) 也是当下的技术热点之一，有趣的是，NFV 是在一次 SDN 的研讨会上首次被提出来的。与 SDN 侧重于软硬分离、可编程不同，NFV 则强调了网络设备种类的简化，也就是希望能有一个统一的硬件来承载目前繁复的网络设备。

分析和思考

1. 刚性网络的演进经过了哪几个阶段？

2. WDM(波分复用)的含义是什么？

3. 分组传送网主要包括哪两种技术？

4. SDN是什么？

思政课堂

我国的北斗卫星导航系统

照顾 300 多头骆驼在大漠戈壁中"闲庭信步"，会是什么感觉？可能你觉得这是个无法实现的艰巨的任务。牧民巴都玛拉每天骑着摩托车在沙漠里漫无目的地寻找放养的骆驼，一找就是一天。如今，一款"神器"让他解决了在沙漠奔波的难题，它就是"北斗卫星导航系统"(简称"北斗")。巴都玛拉给每头骆驼戴上北斗定位项圈，这样可以通过手机远程实时掌握骆驼群的位置和移动速度，别说是管理 300 头骆驼，3000 头也成为可能。

中国人对于"北斗"的信赖由来已久。北斗星就是在暗夜中指引方向的一座灯塔，也正因此，我国将自主研发的卫星导航系统命名为"北斗"。2020 年 6 月 23 日 9 时 43 分，北斗三号最后一颗全球组网卫星在西昌卫星发射中心成功发射。从 2000 年北斗一号的首星发射到北斗三号的末星入轨的 20 年间，中国航天人用他们的集体智慧战胜了无数的艰难险阻，终于完成了这一宏伟的航天工程。中国为什么要耗费大量的时间、资金、人力研发北斗卫星导航系统呢？这是因为独立自主的卫星导航系统对一个国家的战略意义实在是太大了。可能我们普通人在日常生活中对卫星导航系统的应用主要就是手机、汽车的定位导航功能，然而事实上卫星导航系统的用途是相当丰富的，如远洋运输、航空导航、测量测绘、农田信息采集等，卫星导航系统还可以应用于军事领域。所以我们要自主创新研究北斗卫星导航系统。

　　如今，北斗系统的规模应用已进入市场化、产业化和国际化发展的关键阶段，全球一半以上的国家和地区都在使用北斗产品。仰望星空，北斗璀璨，浩渺的星河从未离我们如此之近。中国的北斗，世界的北斗，一流的北斗——这是北斗系统不变的初心，更是时代赋予中国的历史使命。

　　思考： 查阅相关资料，了解我国北斗卫星导航系统哪些技术占有独创优势？

知识要点归纳

1. 三网融合组网模式大致分为三层：核心层、汇聚层、接入层。
2. 业务系统包含：AAA 系统 (宽带上网)、软交换系统 (语音)、IPTV 业务系统。
3. PON 技术主要分为 A/BPON、EPON 和 GPON 三种。
4. PON 的组成：局端设备 (OLT)、用户端设备 (ONU/ONT) 以及连接二者之间的由无源的光缆、光分 / 合路器 (POS) 等组成的光分配网 (ODN)。

课后练习

一、单选题

1. 窄带 ISDN 技术，对于普通家庭用户其最高速率为 (　　)b/s。

A. 56　　　　　　B. 64　　　　　　C. 128　　　　　　D. 144

2. 第一代 ADSL 的上网速率最高可达到 (　　)Mb/s。

A. 2　　　　　　B. 4　　　　　　C. 8　　　　　　D. 12

3. 三网融合的概念于 (　　) 年被首次提出。

A. 1992　　　　　　B. 1995　　　　　C. 1996　　　　　　　　　D. 1999

4. "一线通"是指 (　　)。

A. 宽带 ISDN　　　B. 窄带 ISDN　　C. ADSL　　　　　　　　D. 窄带 MODEM

5. 电话拨号上网时，用来连接 Modem(调制解调器) 的接口为 (　　)。

A. RJ-11　　　　　B. RJ-45　　　　C. RJ-48　　　　　　　　D. RJ-49

6. RJ-45 接头中有 (　　) 根针脚。

A. 2　　　　　　　B. 4　　　　　　C. 6　　　　　　　　　　D. 8

7. PON 系统采用 (　　) 技术实现单纤双向通信。

A. FDM　　　　　　B. TDM　　　　　C. CDM　　　　　　　　D. WDM

8. E1 的每帧有 (　　) 时隙。

A. 8　　　　　　　B. 32　　　　　　C. 256　　　　　　　　　D. 2048

9. E1 接口的速率为 (　　)kb/s。

A. 1544　　　　　B. 1.544　　　　C. 2048　　　　　　　　D. 2.048

10. 不属于光纤通信的实用工作波长的是 (　　)μm。

A. 0.55　　　　　B. 0.85　　　　C. 1.31　　　　　　　　D. 1.55

二、多选题

1. 对于我国最早的拨号上网方式，描述正确的是 (　　)。

A. 打电话和上网业务不能同时进行

B. 打电话和上网业务能同时进行

C. 上网速率慢，最高速率只能达到 56 kb/s

D. 上网速率慢，最高速率只能达到 64 kb/s

2. ADSL 技术需要在用户家里安装 (　　)。

A. 语音数据分离器　　　　B. ADSL 的 MODEM

C. 路由器　　　　　　　　D. 集线器

3. 三网融合是 (　　) 三大网络的物理合一。

A. 电信网　　　　　B. 广播电视网　　　C. 电力网　　　　D. 互联网

4. AAA 服务器的功能是 (　　)。

A. 认证　　　　　　B. 授权　　　　　　C. 计费　　　　　D. 注册

5. 三网融合组网模式大致分为三层，即 (　　)。

A. 业务层　　　　　B. 核心层　　　　　C. 汇聚层　　　　D. 接入层

6. 常见的配线架有 (　　)。

A. DDF　　　　　　B. ADF　　　　　　C. ODF　　　　　D. MDF

7. PON 技术分为 (　　)。

A. APON　　　　　B. DPON　　　　　C. EPON　　　　D. GPON

8. 由 ITU-T 制定标准的是 (　　)。

A. APON　　　　　B. GPON　　　　　C. EPON　　　　D. 10GEPON

9. E1 接口的特点是 (　　)。

A. 面向连接　　　B. 无连接　　　　　C. 弹性管道　　　D. 刚性管道

10. 传送网未来发展的可能技术是 (   )。

A. SDN   B. OTN   C. PTN   D. NFV

三、判断题

1. T568A 的线序为：白橙、橙、白绿、蓝、白蓝、绿、白棕、棕。   (   )

2. T568B 的线序制作的网线中，4/5、7/8 这 4 根线没有定义，仅利用 1-2-3-6 四根线传输信号。   (   )

3. GPON 支持的最大下行速率为 2.5 Gb/s。   (   )

4. EPON 系统所有业务都由 IP 承载。   (   )

5. E1 的帧结构频率与语音信号的抽样频率不同。   (   )

6. 采用 WDM 技术可以实现在一根光纤中同时传输多个波长的光信号。   (   )

7. 传送网为业务网的运营提供必要的支持。   (   )

8. 在 ADSL 接入方式中，需更换用户线，才能同时上网和打电话。   (   )

9. 窄带拨号上网，语音和数据用的同一频段在电话线上传送，无法用分离器分离，因此两种业务不能同时传送。   (   )

10. ADSL 技术中分离器的作用是将语音和数据业务的同一频段截然分开。   (   )

四、简答题

1. 根据 PON，试研究寝室和家里的宽带接入方式，并画出接入示意图。

2. 参考图 5-7，查阅相关资料，画出 IPTV 业务系统接入图和专线业务系统接入图。

五、实验解析

实验室学习 PON 系统的组成，掌握 OLT、ONU 等相关主流设备型号及功能，画出简易的 PON 系统 OLT—分光器—ONU—终端设备的连接示意图，要求具体到各类设备主板的编号、接口、功能。

第 6 章
移动 5G 和万物智联

知识目标

1. 了解5G和物联网的基本概念。
2. 了解5G的组网模式。
3. 了解物联网的工作模式。
4. 了解5G和物联网的发展应用。

能力目标

1. 能够简述4G和5G组网模式的区别。
2. 能够简述物联网的三层网络架构。
3. 能够简述物联网的应用场景。

素质目标

1. 认知我国在5G技术上的优势。
2. 树立通信创新技术的理念和信心。

2021 年 3 月 26 日上午 9 时，北京协和医院远程医疗中心某会议室内，在座众多医学专家们的目光都聚焦在墙上的大屏幕。会议室的前排，该院眼科主任陈有信教授和他的助手正熟练操作着面前的笔记本电脑，通过 5G 网络，对远在 4000 km 外的患者进行远程医疗。

会议室回荡着陈有信教授的声音："看到了吧？我们用眼底人工智能识别辅助诊断系统发现，她的右眼底有片状出血及硬性渗出，还有轻度水肿。再用靶向激光导向仪给它定位，就可以治疗了。"

而此时，患者身旁的王登峰医生按照陈教授的指示有条不紊地进行着手术，整个过程在大屏幕上清晰地呈现出来。事后他激动地说："我就是在现场的一名操作工，所有治疗都是陈有信主任在北京指挥的，我只要听从指挥就可以了。"

实际上，这并不是北京协和医院首例 5G 远程眼底激光手术演示。早在 2019 年 10 月，北京协和医院就与湖州市第一人民医院成功开展了 5G 远程眼底激光手术，开创了眼底疾病远程治疗的新局面。

6.1 移动 5G

5G 是一个全球性的通信技术标准，它的颁布者是国际电信联盟 (ITU，International Telecommunication Union)。ITU 是 联合国的下属机构，专门负责信息通信技术的相关事务，包括制定全球电信标准、促进全球电信发展。事实上，5G 只是一个"小名"，或者说是"昵称"，它真正的"大名"(法定名称) 叫作 IMT-2020。这个名字是 2015 年 10 月在瑞士日内瓦举办的无线电通信全会上由 ITU 正式确定的。

6.1.1 初识 5G

5G 中的 G 是 Generation 的缩写，Generation 意为"代"，所以 5G 即为第五代移动通信标准，也称为第五代移动通信技术。

1. 5G 和 4G 的区别

(1) 基站不同。4G 网络使用宏基站，而 5G 网络使用微基站，如图 6-1 所示。

宏基站的优点：覆盖能力比较强，可供使用的场合比较多且容量大，可靠性好，维护起来十分便捷。宏基站的缺点：设备价格比较昂贵且需要机房，安装施工比较麻烦，不易搬迁，灵活性也相对较差。

微基站的优点：可以就近安装在天线附近，可以根据覆盖需求选择相应功放的微基站，其覆盖范围可以与宏基站媲美，体积较小，不需要机房且安装方便，灵活性较高。微基站的缺点：微基站众多，会导致维修不太方便。

(2) 频段不同。5G 虽然和 4G 一样，都是用电磁波传输信息，但是 5G 的波长更短，属于毫米级。且 5G 信号的频率和 4G 的不同，5G 的频段范围在 28 ～ 39 GHz 之间，它可以给每个频段的信号分配 400 MHz 的带宽，比 4G 宽 20 倍。

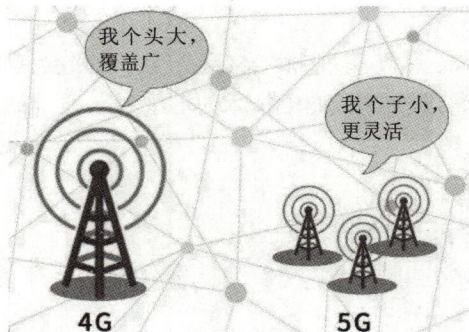

图 6-1　5G 基站和 4G 基站

2. 5G 的优点

(1) 超低的时延。现在的 4G 网络虽然也比较快，但在看视频和玩游戏的时候，难免会出现网络延迟现象，而 5G 的时延只有 1 ms，基本能够避免网络反应迟钝的情况。

(2) 超快的网速。5G 下行峰值速率实测可达到 10 Gb/s，相当于 100 个百兆光纤的带宽，是 4G 速率的 15 倍以上。同样一部 4K 高清电影，用 4G 网络下载需要几分钟，用 5G 下载的话，1 秒即可完成。

(3) 超大的设备容纳量。4G 网络能够同时容纳的设备有限，当处于人流量较大的场所，比如地铁、商场等时，很容易出现 4G 网络无法连接的情况。5G 网络可以同时连接海量终端，就算十万人一起在足球场看比赛，网络也不会被挤爆 (理论上，每平方千米可容纳 100 万台设备同时上网)。

3. 5G 网络的应用

(1) 智能出行。路上的信号灯、摄像头以及停车场的详细信息都会与我们的车辆互联，不仅可以快速地反馈道路情况，也能让我们在第一时间了解停车场剩余的具体车位数，使停车更加方便。

(2) 智能家居。生病时无法起身关窗户、拉窗帘，想洗衣服但是又有工作在身，晚上睡觉时想让空调调到合适的温度……这些问题 5G 就能解决，使人们的生活更便捷。

(3) 智能工厂。在一些工厂，机器手臂可以代替人工工作，其精细度和即时性都有所提升，机器手臂还可以连接云处理器，实时报告工作状态和机器状态，大大提升了基础工业的智能化程度。

(4) 游戏娱乐。近几年 VR 游戏十分盛行，因为玩游戏时宛如身临其境。而 5G 的 VR 游戏体验会更加惊人，不仅更加真实，画面也更加清晰。

(5) 无人驾驶。如果汽车以每小时 100 km 的速度行驶，现有 4G 网络时延条件下，汽车从发现障碍到启动制动系统可能会移动 2.7 m，因此当前的通信系统不能满足无人驾驶需要的超低时延和高可靠性要求。在使用 5G 网络的情况下，汽车从发现障碍到启动制动系统，仅会移动 3 cm 左右。遇到紧急情况时，汽车有足够时间刹车或者变道，避免事故发生，这为无人驾驶的实现提供了保证。

(6) 远程医疗。医生头戴 VR 头盔，通过 5G 网络传输过来的 3D 实时信号，就能够为患者诊断病情甚至做手术。对于那些居住在边远地区或者行动不方便的患者来说，足不出户就能看病，十分方便。

(7) 超高清视频。4K/8K 超高清视频与 5G 结合的场景会越来越多，我们看到的冬奥会、春晚、发布会等都会通过 5G+4K/8K 技术进行直播。画面更加清晰，网络更加流畅、稳定。

★ **思政课堂**

通信战"疫"：讲述通信人"火神山"保障通信的奋战故事

2020 年新年伊始，一场突如其来的疫情席卷整个武汉，为了打赢这场疫情防控阻击战，维护通信网络的正常运营，一群通信人迎来了他们一生都难忘的高光时刻，用实际行动践行了通信人的使命担当。

1 月 23 日，接到武汉市疫情防控应急指挥部"开通火神山 5G 网络"的通知后，湖北各大运营商迅速与通信设备厂商以及设计院一起，成立了应急项目组，不分昼夜讨论建设方案，确定现场工作人员，同步协调 5G 基站、SPN 传输设备和建设物资，紧急奔赴火神山一线。

1 月 24 日除夕当天，数十位通信工程师和合作方兵分多路，迅速完成了站点现场勘查、建设方案以及物料的到货搬运。1 月 25 日，在现场工程师和后方多人共同努力下，一天内就完成了 5G 基站的开通和调测。同时，团队成员还协助客户完成了 4G 网络的扩容和 3G 网络的优化，全部采用最高网络容量配置，以满足现场通信网络需求。

1 月 28 日，各种物资车辆到达火神山施工现场，当时正值阴雨天，一路泥泞，但没有挡住通信人前进的脚步。考虑到医院机房预计 2 月 1 日建好，但 2 月 4 日就要收治病人，为保证交付进度，节省时间，工程师阮瑞和团队想到调测必须提前，于是从 28 日到 30 日，项目组和集成商协商后，克服临时仓库拥挤和嘈杂的环境，完成了网络、视频监控、视频会议的设备单机调测。

从 1 月 31 日开始，团队成员进场安装。火神山医院处于位置较偏的武汉蔡甸区，大家每天往返工地，出行十分不方便。有车的，家人就充当司机接送；没有车的就由有车的负责接送。因交通管制，自驾车必须停在 2 km 外，同时调测期还需要在不同机房穿梭，一天下来，每个人基本都要步行超 10 km。且机房周边整个路面都是待平整的泥巴路，工地全是各种施工车辆和施工人员，到晚上回家时，大伙的鞋子和裤子基本沾满了泥，下雨时鞋子还进了水。而且机房当时都没安装静电地板、电源、电源线、电池，只能通过柴油发电机临时供电。为了赶时间，各个厂家都是在拥挤的环境中同时工作。

但越是困难，大家反而比平时更主动、更团结。因为他们肩负着通信人的使命担当，他们凭借过硬的技术与超强的敬业精神，直面挑战，全力以赴，克服前所未有的困难，不断诠释着通信人的责任与奉献。

经过持续奋战，2 月 3 日，团队完成了视频会议系统、视频监控系统、网络的交付，可以保障医院顺利开展远程会诊、远程监护等业务。

在火神山医院成功接收第一批感染新型冠状病毒的确诊患者后，又一个新的紧急任务下达——调试医院内部网络。冒着病毒传播的高风险，数通工程师小石和小陈临危受命，"逆行"出发。二人在家人的理解和支持下，每天加班加点，不分昼夜，在最短的时间内将火神山医院的接诊电话、办公内网、视频监控等系统调试上线，成功完成了又一项艰巨的任务。

一桩桩感人事迹，在武汉战"疫"通信保障现场频频上演。自武汉封城开始，短短二十天，华为驻湖北分公司累计完成紧急维护 41 单，受理网上问题 445 单，交付紧急备件 181 件，现场投入人员 463 人 / 天。

不仅仅是华为公司，国内其他的通信设备厂商和运营商们共同奋战在防疫一线，在火神山这片新开垦的土地上拉起一条条紧急的"生命线"，共同铸就火神山通信建设神话！

思考：试了解移动通信在抗疫过程中发挥重要作用的案例。

6.1.2　5G 的组网路线选择

根据 3GPP(第三代合作伙伴计划) 组织定义，5G 标准包含 NSA(非独立组网) 和 SA(独立组网) 两种模式。从网络架构层面来看，NSA 是指无线侧 4G 基站和 5G 基站并存，核心网采用 4G 核心网或 5G 核心网的组网架构。SA 是指无线侧采用 5G 基站，核心网采用 5G 核心网的组网架构，该架构是 5G 网络演进的终极目标。

NSA(非独立组网) 和 SA(独立组网)，是 5G 网络组网建设时必须面临的选择。它们之间有什么区别呢？下面先来看一个关于胖哥开餐厅的故事。

在长沙坡子街有一个做烧烤生意的老板，人称胖哥。胖哥开了一个四号餐厅，餐厅主厨名叫四喜，如图 6-2 所示。

主厨：四喜　　　　　　　　　　　　　　四号餐厅

图 6-2　　主厨四喜和四号餐厅

　　由于胖哥有独家秘方，餐厅的生意越来越火爆，天天座无虚席，供不应求，因此胖哥想要扩张自己的生意。但是扩大经营需要大量的资金，不能盲目投资。于是，他想了两种扩张的方案：

　　方案一，找个繁华地段租一个铺面，开一家新的分店，取名五号餐厅，请一个新大厨，名字叫五福，如图 6-3 所示。

四号餐厅　　　　　　　　　　　　　　五号餐厅

主厨：四喜　　　　　　　　　　　　　　主厨：五福

图 6-3　　胖哥的经营方案一

　　方案二，找个繁华地段租一个铺面，开一家新的分店，取名五号餐厅，但不请新大厨，由四喜直接负责照看四号餐厅和五号餐厅，如图 6-4 所示。

主厨：四喜

四号餐厅

五号餐厅

图 6-4　胖哥的经营方案二

　　两种方案对比，各有优劣：方案一简单直接，新的主厨，全新的店面，但是投入成本明显更高；方案二虽然省钱，但是四喜一人要同时兼顾两家餐厅，客流高峰期势必分身乏术。于是，胖哥开始在两种方案之间反复纠结……

　　上面这个故事背后的含义大家应该不难猜到：故事中的厨师就是核心网，店面就是基站，4 号、5 号分别代表 4G 和 5G。

　　其实，方案一就是独立组网方式，如图 6-5 所示，而方案二是非独立组网方式，如图 6-6 所示。(注意，独立组网和非独立组网可细分为多种，方案一和方案二都各自是其中的一种。)

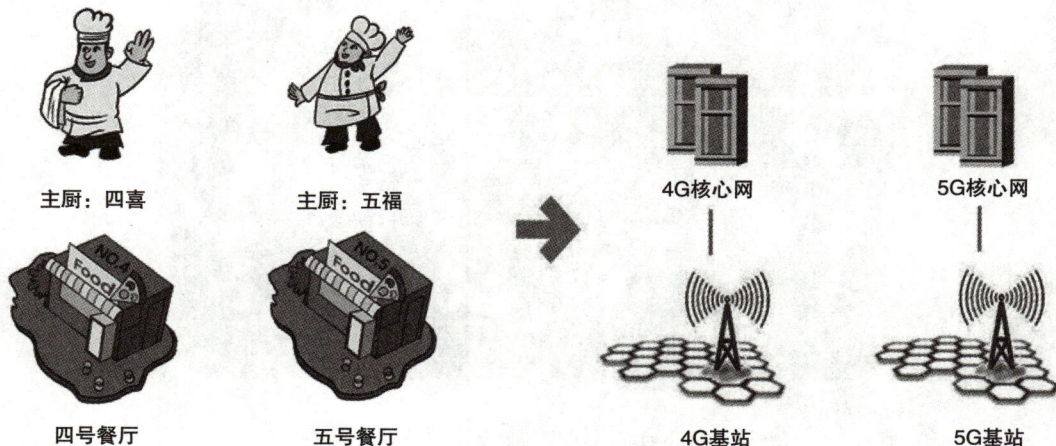

主厨：四喜　　　　主厨：五福

四号餐厅　　　　五号餐厅

4G核心网　　　　　　　5G核心网

4G基站　　　　　　　　5G基站

图 6-5　方案一的独立组网方式

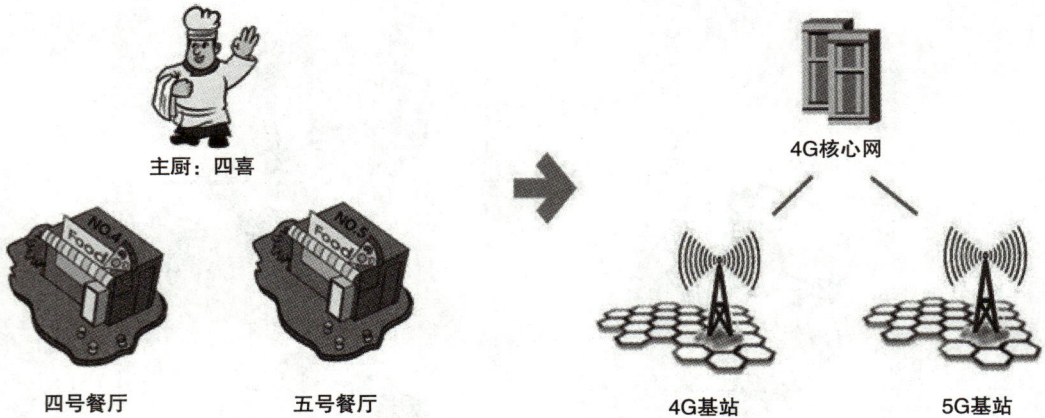

图 6-6　方案二的非独立组网方式

从胖哥的故事可以发现，之所以有独立组网和非独立组网之分，究其根源，就是扩张需投入的成本。

如果不考虑建设成本，只想拥有纯正的、完美的 5G 网络，给用户提供最酷的体验，那就需要全部重新搭建网络，采用独立组网方式。全新的 5G 核心网＋全新的 5G 基站，和 4G 网络完全分隔开，建设起来不需要瞻前顾后，进度能更准确地控制，维护也更便利，用户可以体验到完整的 5G 应用。

但并不是所有运营商都是土豪。为了方便大家逐步享受 5G，在独立组网方式之外，追求和谐的 3GPP 组织也设计了很多非独立组网方式，相当于提供了各种档次的"套餐"。独立组网和非独立组网的套餐分类如图 6-7 所示。

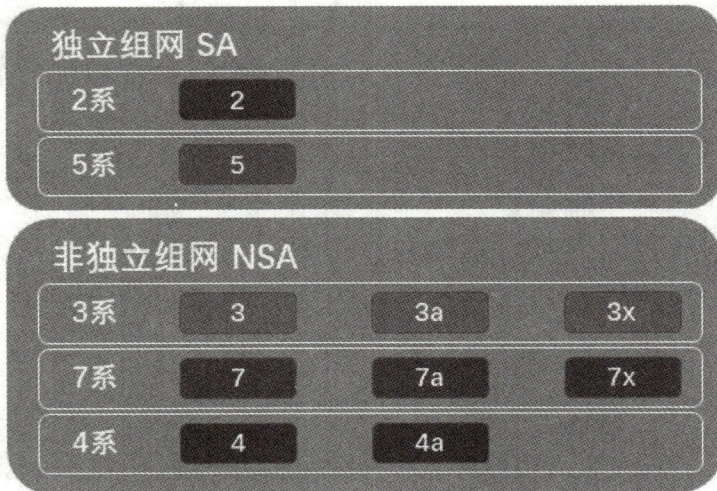

图 6-7　独立组网和非独立组网的套餐分类

方案一：核心网和基站全部新建，即 SA 中的选项 2 组网方式，如图 6-8 所示。资金雄厚的运营商或者从零开始的运营商，无疑会选择这样的方案。

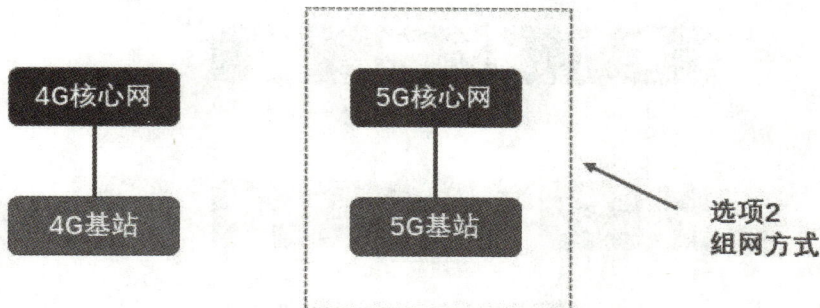

图 6-8　SA 中的选项 2 组网方式

也可以把现有的 4G 基站升级为增强型 4G 基站，然后把它们接入 5G 核心网，就是 SA 中的选项 5 组网方式，如图 6-9 所示。这样将原有的旧基站升级循环利用，不仅环保且节约成本。

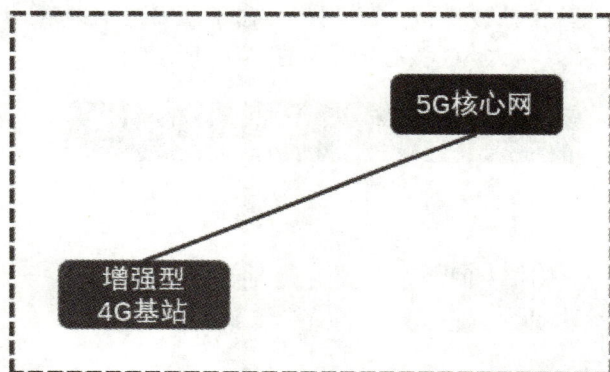

图 6-9　SA 中的选项 5 组网方式

不管怎么说，选项 2 和选项 5 都是独立建网，属于"独立组网方式"。独立组网很简单，真正麻烦的，是非独立组网。为了最大化投资，为了稳步推进网络建设，为了……，我们决定采用非独立组网。

认真思考一下，如果你是胖哥，想要扩张业务，是先请大厨（核心网）还是先扩店面（基站）？大部分人都会先选择扩店面（看看那些饭馆，如果店里坐不下，就在门外摆桌子），也就是先建 5G 基站。

先建 5G 基站确实比较简单。方便面我买不起一箱，那我就买一包。慢慢攒钱，慢慢建设，积少成多。

而 5G 核心网（五福大厨）费用比较贵，请了就要养着，烧钱。

上面这种"4G 核心网 +4G/5G 基站"的方案（也就是胖哥的方案二），属于典型的"3 系"组网方式，包括选项 3、选项 3a、选项 3x，如图 6-7 所示。

在"3 系"组网方式中，参考的是 LTE（长期演进）双连接架构。双连接架构是指 UE（用户终端）在连接状态下可同时使用至少两个不同基站的无线资源（分为主站和从站）。4G 核心网不可能完全兼容 5G 基站，所以，5G 基站会通过 4G 基站再连入 4G 核心网。

传统 4G 基站处理能力有限，无法承载 5G 基站这个"拖油瓶"，所以需要进行硬件改造，升级为增强型 4G 基站，如图 6-10 所示。

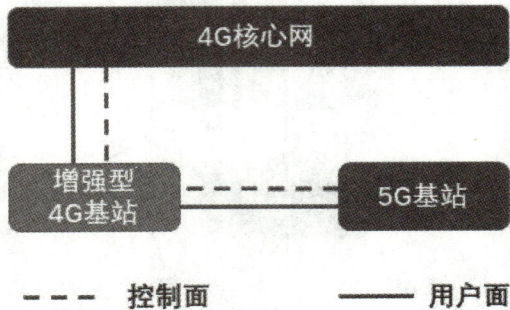

图 6-10　选项 3 的组网方式

　　有的运营商不愿意花钱对 4G 基站进行硬件升级 (毕竟都是旧设备，迟早要淘汰)。于是，想了别的办法。

　　第一种办法：5G 基站的用户面 (传送用户信息) 直接连 4G 核心网，控制面 (传送信令消息) 继续通过 4G 基站接入 4G 核心网，如图 6-11 所示。

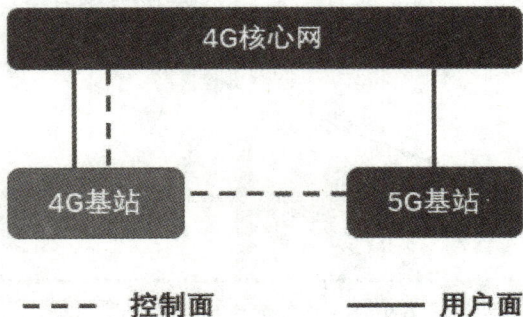

图 6-11　选项 3a 的组网方式

　　第二种方法：把用户面数据分为两部分，将会对 4G 基站造成瓶颈的那部分迁移到 5G 基站，剩下的部分继续走 4G 基站，如图 6-12 所示。

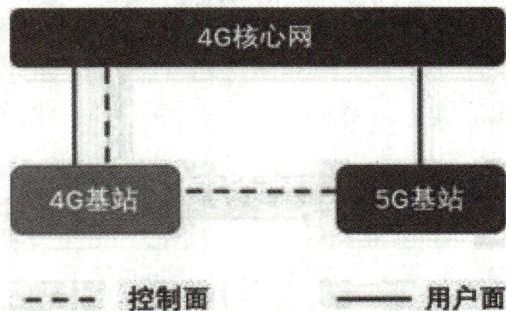

图 6-12　选项 3x 的组网方式

　　从图 6-10、图 6-11、图 6-12 不难看出，与选项 3a、3x 不同，选项 3 采用增强型 4G 基站。目前，很多国外运营商会偏爱采用 "3 系" 组网方式，原因很简单：

(1) 充分利用了原有的 4G 基站，节约了大量的建设成本。

(2) 大大缩短了建设周期，有利于迅速推入市场，抢占用户。

虽然"3 系"组网方式能快速地布局 5G 建设，但是想要用户得到优质的 5G 体验，还是必须基于 5G 核心网才能实现。因此，有的运营商会选择"7 系"组网方式，如图 6-13 所示。将"3 系"组网方式里的 4G 核心网替换成 5G 核心网，就是 NSA 的"7 系"组网方式。

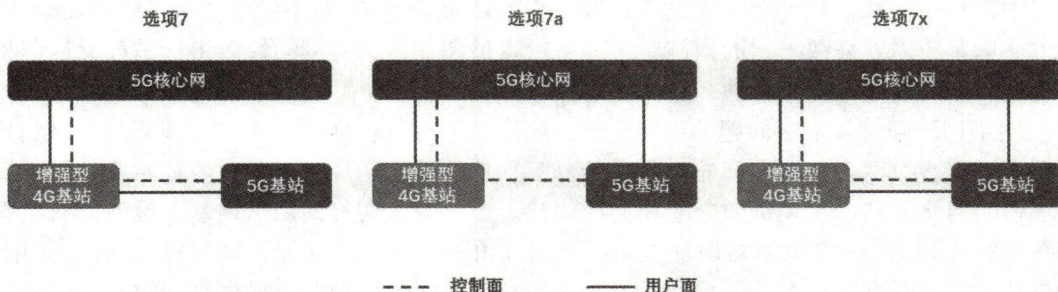

图 6-13　7 系三个选项的组网方式

NSA 的"4 系"组网方式如图 6-14 所示。4G 基站和 5G 基站共用 5G 核心网，其中 5G 基站为主站，4G 基站为从站。"4 系"组网方式中，选项 4 和选项 4a 的区别在于，选项 4 的用户面从 5G 基站走，选项 4a 的用户面直接连 5G 核心网。

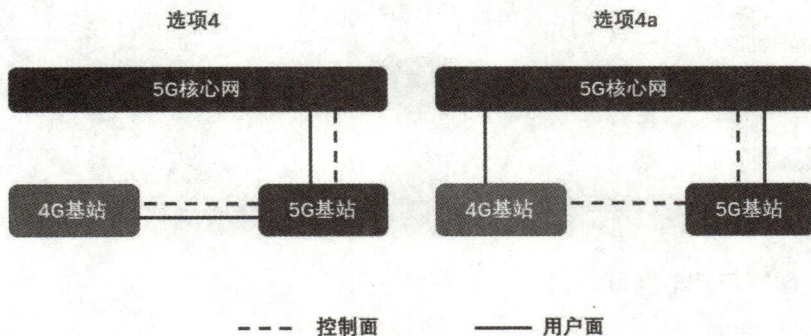

图 6-14　4 系两个选项的组网方式

事实上，非独立组网只是权宜之计，5G 最终的发展方向肯定是独立组网。

6.1.3　5G 网络的演进

1. 网络切片

移动通信技术和产业已迈入 5G 移动通信的发展阶段，5G 可以满足人们超高流量密度、超高连接数密度、超高移动性的需求，并能够为用户提供高清视频、虚拟现实、增强现实、云桌面、在线游戏等极致业务体验。5G 已渗透到物联网等领域，与工业设施、医疗仪器、交通工具等深度融合，有效满足工业、医疗、交通等垂直行业的信息化服务需要。5G 网络支持的业务种类、终端种类、服务种类与 4G 网络时代相比，更加多样、更加丰富，并且不同业务对 5G 网络技术指标的要求也不尽相同，例如移动性要求、计费要求、安全性要求、时延要求、可靠性要求等。

传统蜂窝网采用"一刀切"的网络架构，带有专用的支持和 IT 系统，非常适合单一服务型的网络。然而，使用这种垂直架构，运营商难以扩展电信网络，也很难根据前面所提到的不断变化的用户、业务及行业需求进行调整，并满足新型应用的需求。因此在 5G 网络中，传统的蜂窝网络"一刀切"的模式已经不能满足 5G 时代各行各业对网络的不同需求。运营商需要采取一定的措施，对速率、容量和覆盖率等网络性能指标进行灵活调整和组合，从而满足不同业务的个性化需求。

网络切片是解决上述问题的手段之一。将网络资源进行切片，单一物理网络可以划分成多个逻辑虚拟网络，为典型的业务场景分配独立的网络切片，在切片内针对业务需求设计增强的网络架构，实现资源分配和流程优化。多个网络切片共用网络基础设施，从而提高网络资源利用率；每个网络切片之间，如切片内的设备、接入、传输和核心网，逻辑上都是独立的，互不影响，从而保证了为不同用户群使用的不同业务提供最佳的支持，如图6-15 所示。

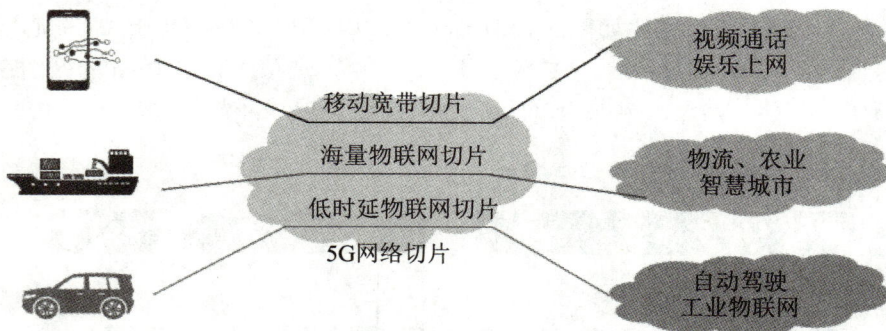

图 6-15　5G 网络切片

2."重"网络与 5G"轻形态"

1)"重"网络

从 1G 到 4G，为了满足日益增长的网络需求，网络变得越来越"重"，具体表现在以下几个方面。

(1)"重"部署。广域覆盖、热点增强是网络部署的传统之道。只是这种层层加码的方式使得网络变得越来越笨重，网络部署的难度也越来越大，网络不堪重负。

(2)"重"投入。作为网络投资的主体，无线网络越来越复杂，站点越来越多，投入也越来越大。为了获得单位增益，付出的代价也越来越高，网络的经济性堪忧。根据运营商的 CAPEX 统计结果，无线网是网络投资的主体。而无线网络日益复杂、站点变多，使得网络建设投入大，投资回收期长，网络实现目标性能的代价高。

(3)"重"维护。多接入方式并存以及新型设备形态的引入，提高了运维难度；另外，无线网配置复杂，一旦配置难以改动。

2)5G"轻形态"

为了解决上述问题，5G 网络将会以"轻形态"出现，那么什么是 5G 的轻形态呢？

外在层面，5G 轻形态包含以下四层含义：

(1) 部署轻便，即具有宽松的站址选取要求和灵活的组网形态。

(2) 投资轻度，即具有较低的网络建设和运维成本。

(3) 维护轻松，即支持低复杂度、便捷、高效的网络运营、维护和优化方式。

(4) 体验轻快，即满足个性化、智能化、低功耗的 5G 用户体验。

内在层面，5G 的轻形态包括以融合为中心的虚拟、分布、灵活、高效四类关键技术，实现了多网融合、宏微融合、帧结构融合、双工方式融合以及回传方式融合。

(1) 虚拟：通过虚拟层和软扇区等技术，解决超密集组网中站址和回传获取困难，网络部署和运维成本高的问题。

(2) 分布：包括分布式大规模天线及混合分层回传技术，侧重于解决大规模天线中对站址要求高以及分层组网部署成本高等问题。

(3) 灵活：采用灵活的网络设计，通过支持新型帧结构和灵活频带技术更好匹配 5G 动态业务需求。

(4) 高效：在 FDD 大规模天线中采用低开销和低复杂度设计及新型的多址和双工方式，实现高频谱利用率与低复杂度的良好折中，同时多制式网络融合将实现未来 5G 的高效网络运行。

思政课堂

好一朵美丽的"5G 之花"

国际电信联盟 (ITU) 作为联合国下属的国际通信标准制定机构，负责牵头全球 5G 标准的研究。ITU 启动 5G 标准研究之初，曾面向全球征集 5G 的关键指标要求，以及对 5G 的意见和期望，也就是希望 5G 具备哪些功能，要解决哪些问题。我国移动通信专家提出的方案就是后来我们看到的"5G 之花"（如图 6-16 所示）。这朵"5G 之花"详细描述了我国对 5G 关键指标和特性的期望，例如峰值速率能达到每秒传输几十吉比特，端到端时延能控制到毫秒级，等等。

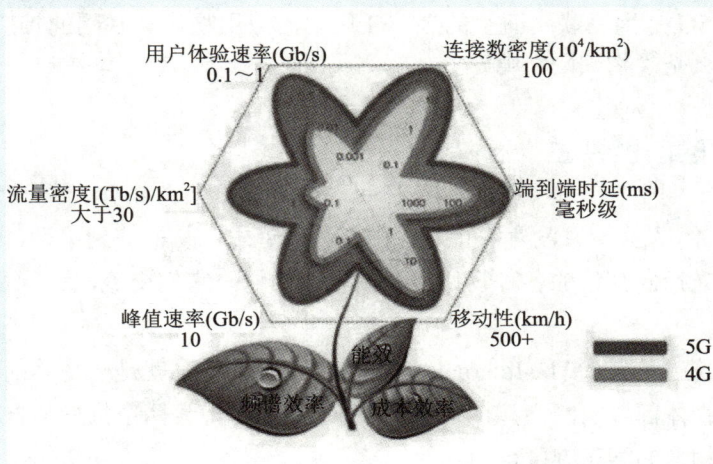

图 6-16　5G 之花

最终，ITU 综合各国意见，确认了 5G 的指标目标，可以称为"蜘蛛网模型"，此模型采纳了中国"5G 之花"的大部分指标。2019 年 6 月，我国工信部正式向中国电信、中国移动、中国联通及中国广电四大运营商发放 5G 商用牌照。4 年来，我国 5G 发展在政策环境构建、网络建设、应用推进、产业生态形成等方面取得了一系列喜人成绩，进入世界 5G 发展第一梯队。

思考："5G 之花"可以说是我国在现代通信史上浓墨重彩的一笔，意义非凡。请谈谈它对我国通信事业发展有何影响。

6.2　万物智联

人们常说"5G 是为物联网而生的"，5G 技术的应用将为物联网的推广与普及发挥重要作用，那么什么是"物联网"呢？

6.2.1　物联网的前世今生

从有语言开始，人类一直没有停止对自由交流的追求。从书信到电话，再到因特网……如今人们又把目光投向身边的各种物体，开始设想如何与它们交流，这就是广受关注的物联网。

物联网的英文全称是"The Internet of Things"，直译过来就是"物体的因特网"。其理想是让每个目标物体都接入网络，让人们在享受"随时随地"两个维度的自由交流的同时，再加上一个"随物"的第三维度自由。

1.《阿凡达》: 史上最强的物联网宣传片

《阿凡达》以全球 25 亿美元的票房神话, 将科技与艺术结合的魅力推至巅峰。

《阿凡达》的故事发生在未来世界中, 人类为获取另一星球—— 潘多拉星球的资源, 启动了阿凡达计划。在电影的前段中, 一缕"蒲公英"(圣树种子)飘落在女主角奈蒂莉肩头, 她顿悟男主角杰克的到来是圣母旨意, 从而将其带回纳美人部落, 至此贯穿全剧的物联网概念拉开序幕。

星球的各种生物都可以通过圣树来实现连接, 在树根与树根之间有着某种类似电流的信息传递, 就好像神经连接细胞组织那样。每一棵树之间都有着成千上万个不同的节点, 潘多拉星球上有上亿棵树, 它像一个全球网络, 纳美人可以登录进去, 进行信息的上传、下载和存储。

圣母化身的神树实际上是潘多拉星球的服务器, 星球上所有纳美人和生物都是物联网的传感器节点, 经常飘现的"蒲公英"可以理解为圣母监控全网的传感器。纳美人的长辫子和树木的根须是神经接触、灵魂沟通的重要媒介, 他们通过这种独特的方式, 达到心灵相通。更神奇的是, 纳美人的传感器不仅可以与树连接, 还可以与翱翔天际的翼龙等生物连接并进行信息交换和互操作, 天人合一的巨大网络让一切都变得有生命和灵性, 人与自然之间的互相依存也变得清晰可触。

同时, 电影中的经典台词"I See You", 意味着不仅是表面的视觉效果, 还有能看到并理解内心的意思。物联网也是这样, 将来我们到商店去买一块巧克力, 不仅能看见它的外包装, 还可以通过内置的识别芯片来了解它的各种信息(如产地、工艺、成分、口味、适用人群等), 就好像看到了"巧克力的心"; 而周边商场同类巧克力的价格以及你购买的这块巧克力的信息, 也都可以在物联网中被存储、被调用。因此, 有人将《阿凡达》称为史上最强的物联网宣传片。

2.《未来之路》: 对于物联网的精准语言

1995 年, 微软的创始人撰写了一本在当时轰动全球的书——《未来之路》, 预测了微软乃至整个科技产业的未来走势。在该书中, 作者提出了"物联网"的构想, 他指出因特网仅仅实现了计算机的联网, 而物联网将实现万事万物的互联。

《未来之路》中写道:"您将可以自行选择收看自己喜欢的节目, 而不是等着电视台为您强制性安排。"如今数字电视早已实现了视频点播功能, 机顶盒功不可没。

《未来之路》中写道:"如果您想购买一台冰箱, 不用再听推销员喋喋不休的唠叨, 电子论坛会为您提供最为丰富的商品信息和用户体验。"

《未来之路》中写道:"音乐销售将出现新模式, 光盘和磁带将被全新数字模式的音乐产品替代。"

《未来之路》中写道:"您可以通过电子钱包将零花钱转给孩子, 也可以用电子钱包购买机票。"如今我们看到, 网上支付、移动支付、电子票务早已开启了电子商务时代。

《未来之路》中写道:"您可以亲自进入地图中, 方便地找到每一条街道、每一座建筑。"如今谷歌地图、高德地图、百度地图提供的地图服务几乎可以覆盖地球上任何地方。

《未来之路》中写道："您丢失或者失窃的贵重物品将自动向您发送信息，告诉您它现在所处的具体位置。"

…………

20多年前，迫于当时网络终端技术的局限性，书中提出的所有构想均无法真正落实，但作者在书中认真地写道："虽然现在看来这些预测不太可能实现，甚至有些荒谬，但是我保证这是一本严肃的书，而绝不是戏言。时间将会证实我的观点"。当我们站在时间的节点，再回看这段话的时候，不得不佩服作者当年提出"物联网"构想时的高瞻远瞩，他当年所预测的在我们当下的生活中都已成为现实，而我们能享受如此便利和"随心所欲"的生活，得益于物联网技术的发展和物联网应用的普及。

3. 宝洁公司的畅销商品引起的烦恼

1997年，宝洁公司(P&G，Procter & Gamble)的欧蕾保湿乳液上市，商品大为畅销，可是太畅销了，补货速度又太慢，导致商店货架常常空着，公司眼睁睁地看着钱一分一分从货架上流失。时任宝洁公司营销副总裁的Kevin Ashton花了两年时间找到了解决办法，就是用电子标签取代商品条形码，使电子标签变成零售商品的绝佳信息发射器，并由此开发各种应用与管理方式，来实现供应链管理的透明化和自动化。

Kevin Ashton所使用的电子标签是射频识别(RFID，Radio Frequency Identification)芯片，这种无线射频识别技术现在已经得到广泛应用，我们平时使用的身份证、学生卡、门禁卡，都是射频识别标签，只不过工作在不同的频段。在1998年的一次演讲中，Kevin Ashton第一次提出了"物联网"的概念："把所有物品通过射频识别等信息传感设备与因特网连接起来，实现智能化识别和处理"。Kevin Ashton指出："这是比因特网更大，为公司创造一种使用感知技术识别世界各地商品的方法。这将彻底改变以往从生产厂家、顾客，甚至是通过回收产品来跟踪产品的固有模式。事实上，我们创造了物联网。"

随后，在保洁公司的赞助下，Kevin Ashton与美国麻省理工学院(MIT)共同创立了一个RFID研究机构——自动识别中心(Auto-ID Center)，并亲自担任中心的执行主任。MIT自动识别中心提出：要在计算机因特网的基础上，利用RFID、无线传感器网络(WSN，Wireless Sensor Network)、数据通信等技术，构造一个覆盖世界上万事万物的"物联网"，在这个网络里，物品能够彼此"交流"，而无须人工干预。

4.《ITU因特网报告2005：物联网》

2005年11月17日，在突尼斯举行的信息社会世界峰会(WSIS，World Summit on the Information Society)上，国际电信联盟(ITU)发布了《ITU因特网报告2005：物联网》，正式提出了物联网的概念，并从七个方面对物联网技术的发展应用进行了阐述和预测。

报告认为，物联网是一种全新的动态网络，能够随时随地实现人与人、人与物、物与物之间的交互。根据ITU的描述，在物联网时代，通过在各种各样的物品上嵌入一种短距离的移动收发器，人类在信息和通信世界里将获得一个全新的沟通体验。该报告描绘了"物联网时代"的图景：当司机出现操作失误时，汽车会自动报警；公文包会提醒主人忘带了什么东西；衣服会告诉洗衣机对洗涤方式和水温的要求……我们正在迈向一个美好的全新世界，大家一定很好奇：这一切是怎么做到的？

6.2.2　物联网是如何工作的

一般来说，物联网的基本工作原理是：首先对物体属性进行标识。属性包括静态属性和动态属性，静态属性可以直接存储在标签中，动态属性需要先由传感器进行实时探测，并将探测到的信息转换为适合网络传输的数据格式；然后将物体的信息通过网络传输到信息处理中心；最后由信息处理中心完成物体信息的相关分析和计算。信息处理中心可能是分布式的，如家里的计算机或手机，也可能是集中式的，如电信运营商的因特网数据中心(IDC，Internet Data Center)。所以，人们习惯将物联网的网络架构划分为感知层、网络层、应用层三个层次，其三层网络架构如图 6-17 所示。其主要功能如图 6-18 所示。

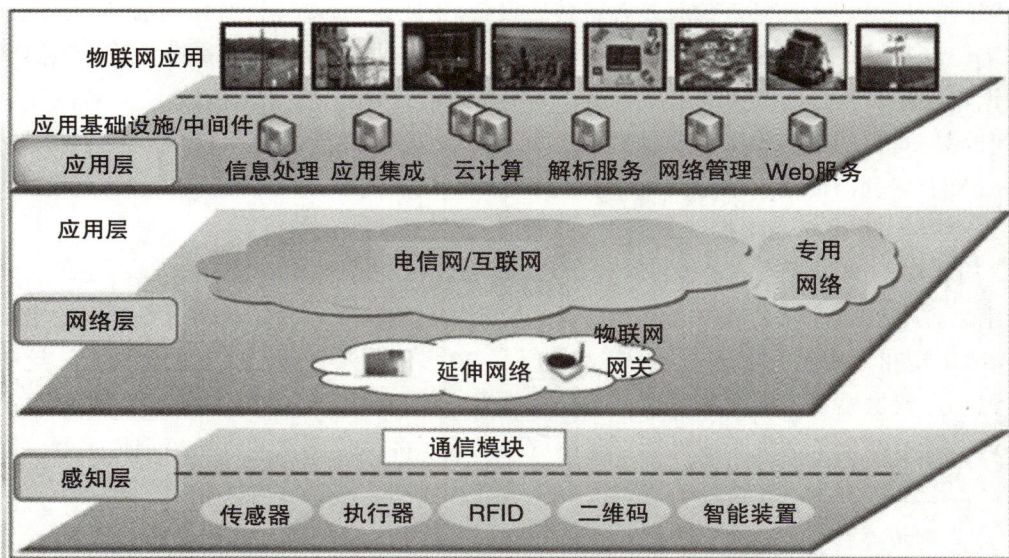

图 6-17　物联网的三层网络架构

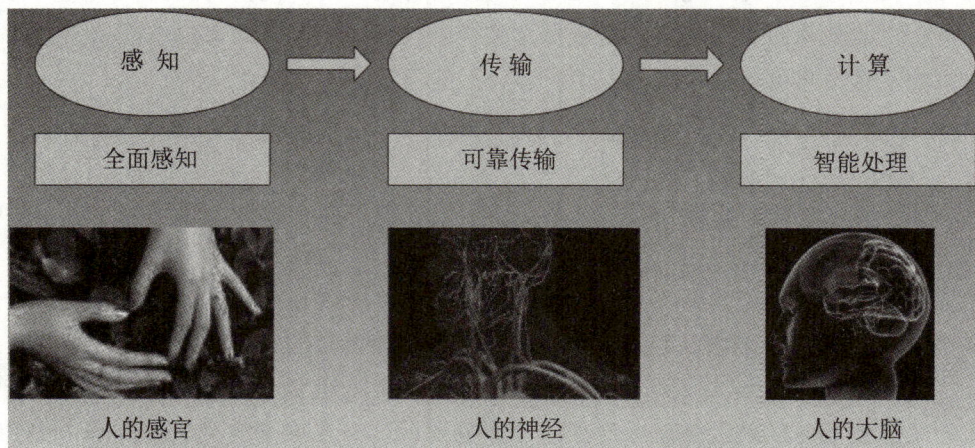

图 6-18　物联网感知层、网络层、应用层的主要功能

1. 全面感知

感知层相当于人体的皮肤和五官,主要功能是识别目标物体,并采集目标物体的信息。例如,一杯牛奶摆在眼前,眼睛看到的是奶白色,鼻子闻到的是奶香味,嘴巴尝到的是奶甜味,用手摸一下有温度……感官的感知综合在一起时,人们便得出这是一杯牛奶的判定。假如把牛奶的感知信息上传因特网,坐在办公室的人通过网络就能随时了解家中牛奶的情况。同样的,如果家中设置的传感器节点与因特网连接,人们也可以随时通过网络了解家中的安防情况以及老人孩子的健康状态,并及时处理。这就是物联网的感知功能。

日常生产生活中的物体种类繁多,形状各异,物联网如何获取物体的信息呢?在这里,充当"千里眼"和"顺风耳"的就是各种传感设备,主要包括传感器、射频识别 (RFID) 设备、全球定位设备、红外感应设备、激光扫描设备、条码扫描设备、网络摄像头等。虽然现在射频识别设备和网络摄像头的应用较多,但是传感器还是当之无愧的感知层"老大"。

传感器是指能把非电学物理量 (如位移、速度、压力、温度、湿度、流量、声强、光照等) 转换成易于测量、传输、处理的电学量 (如电压、电流等) 的一种元件。传感器第一次应用于战场是在 20 世纪越南战场上的"胡志明小道"上。

"胡志明小道"是越、老边界和越、柬边界的深山密林中的一条运输线,是越南北方往越南南方主战场运输人员、武器、物资的生命线。美国军方为了阻断这条"运输走廊",于 1968 年初在"胡志明小道"上用飞机投下了 20 多万枚新近研制成功的传感器,这些传感器大小形状像桃子,由电池驱动,为美军的轰炸机提供了准确有效的信息,从此"胡志明小道"就不安全了。美军在"胡志明小道"投放了多种传感器,包括声响传感器、震动传感器、磁性传感器、红外传感器和压力传感器等。

1) 声响传感器

声响传感器就像常见的"话筒",它利用声电转换器件,将目标运动时所发出的声响转换为相应的电信号,再经过放大、处理,确定目标的方向、位置和性质,从而实现对运动目标进行探测侦查。声响传感器是从海军的声呐投放浮标发展而来,在声呐上加装了扩音器和电池,使得它可以"听到"车辆声音和人的语音。

2) 震动传感器

震动传感器通过探测地表的轻微震动来确定地面的人员和车辆运动情况,由转换器、放大器、信号处理电路、编码器、发射器组成,能将目标引起的地面震动信号转换为电信号,放大后发给监控中心。

3) 磁性传感器

磁性传感器通过探测由武装人员、车辆或其他金属引起的磁场变化发现目标,并判明其数量和运动方向。其磁性探头启动工作时,就会在周围建立一个静磁场,当铁磁金属物体进入这个静磁场时,就会被感应产生一个新的磁场,干扰原来的静磁场;同时目标的运动所产生的干扰磁场的大小也在变化,这个变化的干扰磁场引起磁强计指针的偏转,产生一个电信号,从而实现对携带武器的人员和车辆的探测。

4) 红外传感器

红外传感器主要由人工布设到地表层，在能见度有限的条件下可昼夜自主地实施广域侦查、监视和捕获目标。装有全球定位系统的红外热像仪可发现 2.2 km 远处的车辆和 1.1 km 远处的人员。

5) 压力传感器

压力传感器通过测量目标沿地面运动时所产生的压力变化来发现和测定目标。压力传感器种类很多，其中光纤压力传感器最具代表性。光纤压力传感器采用多模光纤感受压力的变化，当运动目标通过埋设有光纤的道路或区域时，地面压力的变化使光纤产生微小变形，根据光纤的微弯效应，光接收部件输出变化的信号，经处理电路检测、编码，由发射机传输至终端报警。

现在，战争的硝烟早已散尽，但"传感器家族"的这次亮相仍然给人们留下了深刻印象。

2. 可靠传输

网络层相当于物联网的神经中枢，其主要任务是实现信息的可靠传输，即通过各种电信网络和因特网融合，对接收到的感知信息进行实时远程传送，从而实现信息的交互和共享。在这一过程中，通常需要用到现有的电信网络，包括无线网络和有线网络。其中无线移动通信网，尤其是 5G 网络将成为承载物联网的一个重要支撑。

3. 智能处理

物联网是一个智能的网络，面对采集的海量数据，必须通过智能分析和处理才能实现智能化。智能处理是指利用云计算、大数据、模糊识别等各种智能计算技术，对接收到的跨地域、跨行业、跨部门的海量信息进行分析处理，提升对物理世界、经济社会各种活动和变化的洞察力，实现智能化的决策和控制。

物联网不仅描绘了一个美好的未来，同时正一步步走进人们的生活。

6.2.3　万物智联，未来已来

1. 智慧住宅

下面通过远程遥控、电子胸针和安全防范三个方面来了解智慧住宅究竟有多"聪明"。

1) 远程遥控

用手机接通别墅的中央电脑，启动遥控装置，不用进门就能指挥家中的一切。例如提前放满一池热水，好让主人回家时就可以泡个热水澡；也可以控制家中的其他电器，例如开启空调、调控照明、简单烹煮等。

2) 电子胸针

每个有幸到访别墅的客人一进门就会领到一个内置微晶片的胸针，通过它可以预先设定客人偏好的温度、湿度、音乐、灯光、画作、电视节目等信息。无论客人走到哪里，内置的感测器就会将这些资料传送至系统的中央电脑，电脑会根据资料满足客人的需求。

因此，当客人踏入一个房间，房间内的扬声器就会响起客人喜爱的旋律，墙壁上则投射出客人心仪的画作，真正的"宾至如归"。

3) 安全防范

别墅的门口安装了微型摄像机，除了主人，其他人进门均由摄像机通知主人，由主人向电脑下达命令，开启大门，发送胸针进入。当一套安全系统出现故障时，另一套备用的安全系统就会自动启用。

主人外出或休息时，布置在房子周围的报警系统便开始工作，隐藏在暗处的摄像机能拍到房屋内外的任何地方。发生火灾意外时，住宅的消防系统会自动对外报警，显示最佳营救方案，关闭有危险的电力系统，并根据火势分配供水。

2. 浦东国际机场防入侵系统

浦东国际机场是华东地区的国际枢纽航空站，位于上海长江入海口南岸的滨海地带。上海机场集团与中国科学院上海微系统与信息技术研究所合作，采用基于中国科学院自主知识产权的传感器网络技术，打造了"机场围界防入侵系统"，其电子围栏长达 35 km，共部署了 10 万多个传感器节点，覆盖了低空、地面、地下探测，可以防止人员的翻越、恐袭等攻击性入侵，是目前国际上最大的机场防入侵传感网。

根据机场对围界布防的要求，机场围界防入侵系统建立了三级三维的布防体系，设定了三级报警：预警区、报警区和出警区。

预警区在围界外部建起一道无形的网，这个网由埋设在地下的传感器组成，这些传感器不仅能够分辨出是人还是动物在靠近栅栏，而且能够精确地进行定位。一旦有人靠近栅栏，系统就会通过喇叭发出提醒"机场禁地，请迅速离开"；如果来者不听警告，继续靠近栅栏，系统的第二道防线就会报警。

在机场围界的栅栏和墙面上贴着火柴盒大小的各种传感器，它们有的能感受振动或声响，有的对磁场或微波很敏感。这些传感器节点间可无线联络，协同感测围界周边物体的运动方向、速度、远近等。在报警区，入侵者一旦有所行动，例如轻拍一下或轻移脚步，围栏即开始进行感知，并根据感知结果决定是否报警。

当人员进入机场的铁栅栏里面，即进入第三道电子传感围界，报警系统也相应提高到最高级别。这里的传感器节点与机场控制大厅紧密相连，控制大厅能迅速对出现的报警情况进行处理，系统通过多个传感器的协同感知，确定入侵者的具体位置，定位精度达到 0.5 m，机场值班显示屏上该区域会不停闪烁，同时视频播放入侵者的行踪。

浦东国际机场防入侵系统能智能地完成防入侵任务，并结合机场气象条件(如温度、湿度、风速、昼夜、季节)，全天候、全天时地调整计算算法。该系统既能区分自然条件(如风、雪、雨等)造成的虚报，也能够识别非入侵物(如树叶、小鸟、小狗、飞机、汽车等)，精准判断入侵者所在位置，跟踪入侵行为并及时报警，为机场围界筑起无缝立体的"电子长城"。

3. 医用无线内镜

医疗设备今后的发展趋势有四个特点：微创、智能化、一次性使用、高精度。胶囊内镜完全符合以上特点，是医疗设备未来的发展方向。胶囊内镜全称为"智能胶囊消化道内镜系统"，又称"医用无线内镜"（如图 6-19 所示）。

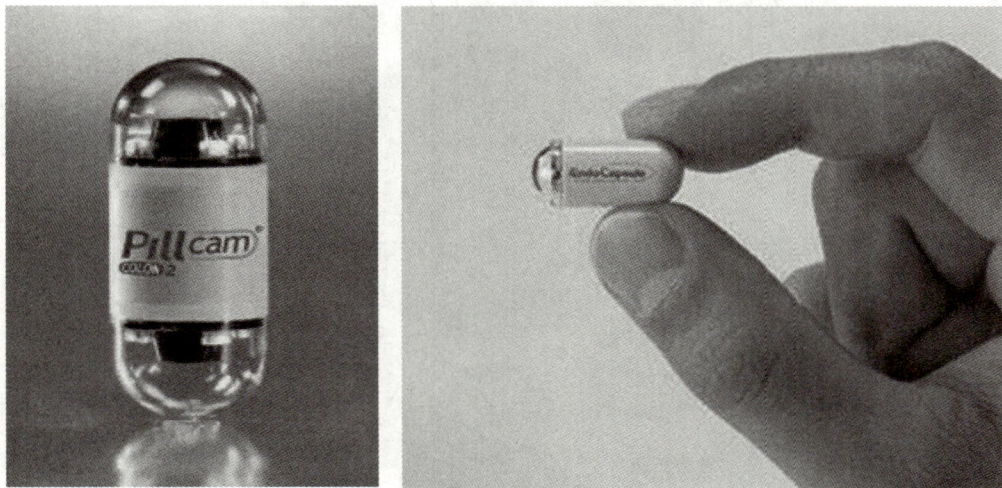

图 6-19　智能胶囊消化道内镜

受检者通过口服智能胶囊，借助消化道蠕动使之在消化道内运动并拍摄图像，医生利用体外的图像记录仪和影像工作站，了解受检者的整个消化道情况，从而对病情作出诊断。

患者像服药一样用水将智能胶囊吞下后，它会随着胃肠肌肉的运动节奏沿着胃→十二指肠→回肠→结肠→直肠的方向运动，同时对经过的腔段连续摄像，并以数字信号方式传输到病人体外携带的图像记录仪进行存储记录，其工作时间达 6 ～ 8 个小时。智能胶囊在吞服 8 ～ 72 小时后可安全排出体外。

胶囊内镜具有安全卫生、操作简便、无痛舒适等众多优点，全小肠段真彩色图像拍摄，清晰微观，突破了小肠检查的盲区，扩展了消化道检查的视野，克服了传统的插入式内镜所具有的耐受性差、不适用于年老体弱和病情危重患者等缺陷，大大提高了消化道疾病诊断检出率，可作为消化道疾病尤其是小肠疾病诊断的首选方法。

以上看到了物联网技术在智能家居、智慧安防、智慧医疗上的应用，其实物联网应用正逐渐深入国民经济的各个领域和大众生活的方方面面，如图 6-20 所示，必将为我们带来一个丰富多彩和充满智慧的未来。

图 6-20 物联网的应用深入国民经济的各个领域和大众生活的方方面面

思政课堂

从天空看地震

—— 现代化遥感技术助力地震事业

现代化遥感技术是基于卫星通信技术、互联网技术、红外线侦测技术等先进科技构建的综合性一体化监测技术。在现实世界中，我们往往采用卫星、无人机、载人飞机等运载工具搭乘遥感设备，观测、识别、收集地球上不同地区的各类重要数据信息，并对这些数据信息进行整理和分析，为农业、林业、地质、海洋、水文、军事、环保等领域提供参考。就像大家熟知的《西游记》中提到的天神"千里眼"。今天让我们了解下现代化遥感技术在地震领域的应用。

现代化遥感技术手段可在一定程度上克服传统实地勘测手段的缺点，并具有其他实地勘测手段不可比拟的优势，因此，在地震预报领域得到了广泛的应用。科学家可以根据震前收集到的地质变化信息与地震带地热异常信息，评估不同板块所承受的构造应力、地壳形变运动的平均滑动速度，同时利用遥感技术对地壳垂直形变的错动频率与范围进行精确测量，为震前预报提供数据支撑。科学家也可以操纵遥感技术设备对发生地震灾害的地区进行大范围、无漏洞的观测与实时灾情数据信息多样化采集，以及系统采集地表发出的各类微弱电磁信号，做好宏观层面的灾情评估和受灾范围评估，从整体和全局层面准确估测受灾地区的灾情演变情况与次生灾害发生概率。震后，科学家可以利用现代遥感技术对震区进行无死角的电磁信息搜集，并将震区地质环境与过去的地理信息进行对比分析，评估震区住房受损情况及桥梁、汽车加油站等重要基础性公共服务建筑、设施的破坏状况，根据数据图像信息对受灾情况进行量化分级评估，划分受灾程度，为精准救灾行动提供可靠数据支持。

思考：查阅相关资料整理现代化遥感技术在其他专业领域的应用，并和同学们分享，感受遥感技术的发展带来的科技进步。

知识要点归纳

1. 5G 中的 G 是 Generation 的缩写，意为"代"，所以 5G 即为第五代移动通信标准，也称为第五代移动通信技术。

2. 5G 和 4G 的不同主要在于基站和频段不同，5G 应用微基站，4G 应用宏基站；5G 的频段范围在 28 ～ 39 GHz 之间，比 4G 宽 20 倍。

3. 5G 具有超低的时延、超快的网速和超大的容纳量的优点。

4. 5G 网络的应用主要有智能出行、智能家居、智能工厂、游戏娱乐、无人驾驶、远程医疗和超高清视频等方面。

5. 5G 网络组网分为 SA(独立组网) 和 NSA(非独立组网)。

6. 在 LTE 双连接架构中，UE(用户终端) 在连接状态下可同时使用至少两个不同基站的无线资源 (分为主站和从站)。

7. 将网络资源进行切片，单一物理网络可以划分成多个逻辑虚拟网络，为典型的业务场景分配独立的网络切片，在切片内针对业务需求设计增强的网络架构，实现资源分配和流程优化。多个网络切片共用网络基础设施，从而提高网络资源利用率；每个网络切片之间，如切片内的设备、接入、传输和核心网，逻辑上都是独立的，互不影响，从而保证了为不同用户群使用的不同业务提供最佳的支持。

8. 物联网的网络架构划分为感知层、网络层、应用层三个层次。

课后练习

一、单选题

1. 5G 真正的"大名"(法定名称) 叫作 (   )。

A. IMT-2000   B. IMT-2010   C. IMT-2020   D. ITU-2020

2. 相比 2G/3G/4G，(   ) 是 5G 的特点。

A. 差异化的体验   B. 移动通信   C. 不限流量计费   D. 业务多样化

3. ITU 愿景中，5G 网络每平方公里终端连接数量是 4G 网络的 (   ) 倍。

A. 100 倍   B. 50 倍   C. 20 倍   D. 10 倍

4. 智能楼宇、智慧路灯项目对 5G 的主要诉求是 (   )。

A. 速率   B. 连接数   C. 时延   D. 带宽

5. 以下关于智慧地球特点的描述中，错误的是 (   )。

A. 将大量传感器嵌入和装备到基础设施与制造业中

B. 捕捉运行过程中的各种信息

C. 通过计算分析、处理和发出指令

D. 以物联网取代互联网

6. 以下不属于物联网三层结构模型的是 (   )。

A. 感知层   B. 网络层   C. 控制层   D. 应用层

7. (   ) 是物联网的基础，是物联网区别于其他网络的重要特征。

A. 网络层   B. 应用层   C. 支撑层   D. 感知层

二、多选题

1. 5G 的优点包括 (   )。

A. 超低的时延   B. 超快的网速

C. 超大的容纳量   D. 超低的能耗

2. 独立组网 (SA) 包括 (   )。

A. 2 系   B. 3 系   C. 5 系   D. 7 系

3. 非独立组网 (NSA) 包括 (　　　　)。

A. 2 系　　　　　　B. 3 系　　　　　　C. 5 系　　　　　　D. 7 系

4. 物联网的主要特征有 (　　　　)。

A. 全面感知　　　　B. 可靠传送　　C. 智能处理　　　　D. 发送指令

5. 物联网中的物, 应该具有 (　　　) 的特点。

A. 可寻址　　　　　　　　　　　　B. 可通信

C. 具有屏幕, 供人操作交互　　　　D. 可控制

6. 物联网通信技术包含的两大主要领域分别是 (　　　　) 和 (　　　　)。

A. 卫星通信　　　　　　　　　B. 计算机网络

C. 光纤中继　　　　　　　　　D. 移动通信网络

三、判断题

1. 4G 网络使用的是宏基站, 而 5G 网络使用的是微基站。　　　　　　　　(　　　)

2. 4G 的波长更短, 属于毫米级。　　　　　　　　　　　　　　　　　　(　　　)

3. 网络切片是将网络资源进行切片, 单一物理网络划分成多个逻辑虚拟网络, 为不同的业务场景分配独立不同的网络切片。　　　　　　　　　　　　　　　　(　　　)

4. 在环境监测领域, 一般会采用多种类型的传感器, 采集多种信息。　　(　　　)

5. 条码识别是目前最精确的识别技术。　　　　　　　　　　　　　　　(　　　)

四、简答题

1. 试简述 5G 和 4G 的区别。

2. 结合国内外对于物联网的定义, 谈谈你是如何理解和认识物联网的。

附录　英文缩写名词对照表

英文缩写	英文全称	中文释义
AC	Acess Controller	接入控制器
ADSL	Asymmetric Digital Subscriber Line	非对称数字用户线
AN	Access Network	接入网
ANSI	American National Standards Institute	美国国家标准协会
AP	Access Point	接入点
APON	ATM Passive Optical Network	ATM 无源光网络
ARP	Address Resolution Protocol	地址解析协议
ARPA	Advanced Research Project Agency	高级研究规划局
ARQ	Automatic Repeat request	自动重传请求
AS	Autonomous System	自治系统
ATM	Asynchronous Transfer Mode	异步传送模式
BGP	Border Gateway Protocol	边界网关协议
BSC	Base Station Controller	基站控制器
CATV	Community Antenna TV，Cable TV	有线电视
CCITT	Consultative Committee，International Telegraph and Telephone	国际电报电话咨询委员会
CDMA	Code Division Multiplex Access	码分多址
CNNIC	China Network Information Center	中国互联网络信息中心
DHCP	Dynamic Host Configuration Protocol	动态主机配置协议
DMT	Discrete Multi-Tone	离散多音频
DNS	Domain Name System	域名系统
DSL	Digital Subscriber Line	数字用户线
DSLAM	DSL Access Multiplexer	数字用户线接入复用器
DWDM	Dense WDM	密集波分复用
EDFA	Erbium Doped Fiber Amplifier	掺铒光纤放大器
EGP	External Gateway Protocol	外部网关协议

EIA	Electronic Industries Association	美国电子工业协会
EIGRP	Enhanced Interior Gateway Routing Protocol	增强内部网关路由协议
EPON	Ethernet Passive Optical Network	以太网无源光网络
FDM	Frequency Division Multiplexing	频分复用
FTP	File Transfer Protocol	文件传送协议
FTTB	Fiber To The Building	光纤到大楼
FTTC	Fiber To The Curb	光纤到路边
GPON	Gigabit Passive Optical Network	吉比特无源光网络
GPRS	General Packet Radio Service	通用分组无线服务
GSM	Global System for Mobile	全球移动通信系统
HFC	Hybrid Fiber Coax	混合光纤同轴电缆网
HLR	Home Location Register	归属位置寄存器
HTTP	HyperText Transfer Protocol	超文本传送协议
ICMP	Internet Control Message Protocol	网际控制报文协议
IEEE	Institute of Electrical and Electronic Engineering	（美国）电气和电子工程师学会
IETF	Internet Engineering Task Force	互联网工程部
IGMP	Internet Group Management Protocol	网际组管理协议
IGP	Interior Gateway Protocol	内部网关协议
IP	Internet Protocol	网际协议
ISDN	Integrated Services Digital Network	综合业务数字网
ISO	International Organization for Standardization	国际标准化组织
ISP	Internet Service Provider	因特网服务提供者
IS-IS	Intermediate System to Intermediate System	中间系统到中间系统
ITU	International Telecommunication Union	国际电信联盟
ITU-T	ITU Telecommunication Standardization Sector	国际电信联盟电信标准化部门
JPEG	Joint Photographic Expert Group	联合图像专家组
LAN	Local Area Network	局域网
LED	Light Emitting Diode	发光二极管
LMDS	Local Multipoint Distribution System	本地多点分配系统

MAC	Medium Access Control	媒体接入控制
MAN	Metropolitan Area Network	城域网
MPEG	Motion Picture Experts Group	活动图像专家组
MPLS	MultiProtocol Label Switching	多协议标记交换
MSC	Mobile Switching Center	移动交换中心
NAT	Network Address Translation	网络地址转换
NFS	Network File System	网络文件系统
NGN	Next Generation Network	下一代电信网
NSF	National Science Foundation	(美国) 国家科学基金会
OC	Optical Carrier	光载波
ODN	Optical Distribution Network	光配线网
OFDM	Orthogonal Frequency Division Multiplexing	正交频分复用
OLT	Optical Line Terminal	光线路终端
ONU	Optical Network Unit	光网络单元
OSI/RM	Open Systems Interconnection Reference Model	开放系统互联参考模型
OSPF	Open Shortest Path First	开放最短通路优先
P2P	Peer-to-Peer	对等方式
PCM	Pulse Code Modulation	脉码编码调制
PLMN	Public Land Mobile Network	公共陆地移动网络
PON	Passive Optical Network	无源光网络
POTS	Plain Old Telephone Service	传统电话业务
PPP	Point-to-Point Protocol	点对点协议
PPPoE	Point-to-Point Protocol over Ethernet	以太网上的点对点协议
PSTN	Public Switch Telephone Network	公共交换电话网 (固定电话网)
QoS	Quality of Service	服务质量
RIP	Routing Information Protocol	路由信息协议
SDH	Synchronous Digital Hierarchy	同步数字系列
SMTP	Simple Mail Transfer Protocol	简单邮件传送协议
SNMP	Simple Network Management Protocol	简单网络管理协议
SOH	Start of Header	首部开始
SONET	Synchronous Optical Network	同步光纤网

STP	Shielded Twisted Pair	屏蔽双绞线
TCP	Transmission Control Protocol	传输控制协议
TDM	Time Division Multiplexing	时分复用
TD-SCDMA	Time Division-Synchronous CDMA	时分同步的码分多址
TFTP	Trivial File Transfer Protocol	简单文件传送协议
TSS	Telecommunication Standardization Sector	电信标准化部门
UDP	User Datagram Protocol	用户数据报协议
URL	Uniform Resource Locator	统一资源定位符
UTP	Unshielded Twisted Pair	无屏蔽双绞线
VDSL	Very-high Speed DSL	甚高速数字用户线
VLAN	Virtual LAN	虚拟局域网
VLR	Visitor Location Register	来访用户位置寄存器
VoIP	Voice over IP	在 IP 上的话音
VPN	Virtual Private Network	虚拟专用网
WAN	Wide Area Network	广域网
WCDMA	Wideband CDMA	宽带码分多址
WDM	Wavelength Division Multiplexing	波分复用
Wi-Fi	Wireless-Fidelity	无线保真
WiMAX	Worldwide interoperability for Microwave Access	全球微波接入的互操作性
WLAN	Wireless Local Area Network	无线局域网

参考文献

[1] 毛京丽，董跃武. 现代通信网[M]. 北京：北京邮电出版社，2021.

[2] 邵汝峰. 现代通信网[M]. 北京：北京师范大学出版社，2009.

[3] 穆维新. 现代通信网[M]. 北京：电子工业出版社，2017.

[4] 刘金虎，樊子锐. 现代通信网技术[M]. 北京：清华大学出版社，2014.

[5] 强世锦. 现代通信网概论[M]. 西安：西安电子科技大学出版社，2016.

[6] 杨波，周亚宁. 大话通信[M]. 北京：人民邮电出版社，2019.

[7] 长沙邮电职业技术学院编写组. 现代通信网络技术[M]. 北京：人民邮电出版社，2004.

[8] 李广林. 现代通信网技术[M]. 西安：西安电子科技大学出版社，2014.